주택지의 매력

− 가치 있는 주택지를 위한 8가지 발상의 전환 −

KOREKARA KATI GA AGARU JUTAKUTI
by
Copyright ⓒ 2005 by SAITO HIROKO
All rights reserved.
Original Japanese edition published by GAKUGEI SHUPPANSHA, Kyoto.
Korean translation rights ⓒ 2011 MISEWOOM Publishing

주택지의 매력
가치 있는 주택지를 위한 8가지 발상의 전환

2011년 1월 25일 1판 1쇄 발행
2011년 1월 31일 1판 1쇄 발행

지은이 사이토 히로코
옮긴이 이 기 배
펴낸이 강 찬 석
펴낸곳 도서출판 **미세움**
주 소 121-856 서울시 영등포구 신길동 194-70
전 화 02)844-0855 팩 스 02)703-7508
등 록 제313-2007-000133호

ISBN 978-89-85493-40-6   03540

정가 12,000원
잘못된 책은 바꾸어 드립니다.

가치 있는 주택지를 위한 8가지 발상의 전환

주택지의 매력

사이토 히로코 지음
이 기 배 옮김

역자의 글 | 매력 있는 주택지

　일본 유학 중이던 2007년 여름의 어느 날, 우연히 한 책을 접하게 되었습니다. 그리고 바로 그날 집으로 돌아가던 전철 안에서 책을 읽던 기억이 생생합니다. '바로 이거구나!' 책을 읽던 저는 절로 고개를 끄덕였습니다. 제 마음 한쪽에 자리잡고 있던 우리의 주거지에 대한 생각, 무엇인가 잘못되어 가고 있다는 생각에 대한 답을 주는 것만 같았습니다.

　그 책은 『앞으로 가치가 오를 주택지これから價値の上がる住宅地』라는 책이었습니다. 저는 그 책의 저자인 사이토斉藤広子 교수님께 '한국의 모든 이들과 이 책을 함께 읽고 싶습니다'고 부탁을 드렸으며, 교수님은 흔쾌히 허락을 해주셨습니다. 그리고 오늘에서야 『주택지의 매력 – 가치 있는 주택지를 위한 8가지 선택』이라는 제목으로 그 책을 소개할 수 있게 되었습니다.

　어디를 가든지 마치 쌍둥이와 같은 다세대주택과 빽빽한 아파트, 자동차와 쓰레기봉투가 차지하고 있는 골목길, 사생활을 방해하는 존재가 되어버린 이웃. 바로 우리의 현실입니다.

누구나 평화롭고 풍요로운 그런 집에서 살기를 바랍니다. 그네와 벤치가 있는 아담한 정원이 있는, 그런 집에서 가족과 뛰어노는 모습을 상상합니다. 가족들의 입가에는 웃음이 가득합니다.

그러나, 실제로는 어떻습니까? 값이 오를 토지를 찾아서, 개발과 함께 가격이 오를 주택을 찾아서 혈안이 되어 있지는 않습니까? 오로지 가격 상승의 가능성만이 주택을 고르는 기준이 되어 있지는 않습니까? '빚을 얻어서라도 일단 사두면 집값이 오를 거야' 라고 생각하고 있지는 않습니까?

'일단 짓기만 하면 팔린다' 는 생각을 하고 덮어놓고 아파트를 짓고 있지는 않습니까? 우리에게 집의 가치는 무엇입니까? 주거 공간의 진정한 가치는 무엇일까요?

이 책은 주택과 주거공간의 진정한 가치에 대해서 말합니다. 그리고 바로 그 가치가 오를 주택지를 만드는 방법을 제안합니다. 책을 다 읽어보면 앞으로 가치가 오를 주택지가 무엇인지를 알 수 있을 것입니다. 어쩌면 지금 당신이 살고 있는 주택지일지도 모릅니다. 그 해답은 바로 이 책에서 제시하는 8개의 키워드가 알려줄 것입니다.

저는 이 책이 도시, 주택 등에 관한 전문서적 코너만이 아니라 누구라도 쉽게 볼 수 있는 일반서적 코너에도 놓이기를 바랍니다. 이 책은 전문가만을 위한 것이 아니라 온 국민, 주택에서 생활하

역자의 글 _ 매력 있는 주택지

는 사람들 모두를 위한 것이기 때문입니다. 그리고, 우리의 주택지를 매력 있게 만들어가는 것은, 바로 주택지에서 살고 있는 우리 모두가 해야 할 일이기 때문입니다. 저는 공무원, 대학교수, 학생, 정치가, 그리고 주택에서 살고 있는 여러분 모두에게 이 책을 소개하고 싶습니다. 가장 중요한 것은 바로 우리, 평범한 우리의 생각과 가치관입니다. 그것이 바뀌지 않으면 안 됩니다.

이 책은 전혀 지루하거나 딱딱하지 않습니다. 저자인 사이토 교수님은 마치 친구와 편안하게 이야기를 나누듯이 표현을 하셨으며, 저 또한 그 표현이 그대로 전해질 수 있도록 노력하였습니다. 저자의 의도가 그대로 전달되도록 하는 것을 가장 큰 원칙으로 하여 번역을 하였습니다. 그만큼 여러분들도 가벼운 마음으로 편하게 읽을 수 있을 것입니다.

가장 먼저, 사이토 교수님께 감사를 드립니다. 오랜 연구의 성과를 책으로 만드시고 또한 흔쾌히 한국어판의 출판을 허락해 주셨습니다. 그리고 저에게 많은 가르침을 주신 동경공업대학東京工業大學의 나카이中井檢裕 교수님과 처음 이 책을 소개해주신 나카니시中西正彦 선생님, 그리고 박재길 박사님께도 감사드립니다. 마지막으로 이 책이 출판될 수 있도록 도와주신 미세움 출판사의 강찬석 사장님께 진심으로 감사의 말씀을 드립니다.

자 그럼, 이 책을 통하여 우리가 상상하는 '매력적인 주택지'를 구체적으로 그려봅시다. 그리고 그런 주택지의 매력뿐만 아니라 '매력적인 주택지를 만드는 방법의 매력' 또한 느껴봅시다.

2010년 7월

이 기 배

추천의 글 | 생활공동체 형성을 위한 새로운 가치

　사회 선진화가 중요한 화두로 떠오르고 있다. 사회 선진화는 우리 모두 품격있게 살아갈 수 있는 사회로 사회 기반을 새로이 만들어가는 일이나 다름없다. 사람들이 일상적으로 모여 같이 살아가는 공간 범위의 집, 주택단지, 마을, 그리고 나아가서는 도시, 지역, 국토를 생활기반 관점에서 점검하고 재구축해가는 일도 바로 이에 속한다. 그동안 거주 가치는 무시되고 매매 가치로만 경도되어 온 주택을 생활공간으로 되돌리는 일, 공공계획으로 발생한 이득을 사유화하여 거주비용이 높아지고 생활공간이 왜소화되는 문제를 바로잡는 일도 선진화를 위해 해야 할 일이다.

　생활공간 선진화에 관심을 가지고 현실의 거주환경 및 도시문제에 부심하던 역자가 일본으로 유학가서 바로 눈에 띈 책이 이 책이라고 한다. 주택단지나 마을을 공통의 생활기반으로 인식하여 거기에 살아가는 사람들 스스로 생활공간을 만들어가는 생생한 이야기를 담고 있기 때문이다. 도시계획, 도시개발, 부동산 문제에 관한 한 우리나라와 거의 비슷한 경험을 해 온 일본이지만, 이제 생활자 관점의 도시만들기를 정착시켜 선진사회로 저만큼

앞서 가고 있음을 보게 된다.

　일본이 생활공간 선진화로 도시만들기 축을 크게 돌리게 된 경위를 살펴보면, 우리 또한 지금까지와는 다른 새로운 관점에 서서 사회 선진화에 임하지 않으면 안 된다는 생각이 든다. 고도 경제성장 결과, 일본은 1970년대부터 경제적으로 볼 때 세계에서 가장 잘 사는 나라 중 하나가 되었다. 그렇지만, 정작 국민들은 좁고, 볼품없는 주택에 거주하는 모순도 동시에 드러내게 되었다. 가득 거품이 끼어 있는 땅 값, 그러한 토지 위에 부동산 개발자들이 편의대로 지어 공급한 주택은 사람들을 좁게만 살도록 강요하여 왔다. "주식회사 일본은 부자지만, 국민들은 '토끼장'에 산다"는 자조 섞인 말이 나오기도 하였다. 아무리 경제성장을 통해 GNP가 올라간다 하더라도 삶의 질 또한 그에 따라 자연히 높아지는 것은 결코 아님을 여실히 알게 하였다. 삶의 질을 높이기 위해 별도의 노력을 더해가지 않으면 안 된다는 점도 인식하게 되었다.

　실제로, 일본은 1960년대 말부터 일어난 주민이 주도하는 생활환경운동으로 새로운 사회적 노력을 시작하게 되었다. 처음에는 공해 및 무절제한 도시개발로부터 주거환경을 지키고자 하던 '마치즈쿠리마을만들기라는 뜻의 일본어' 운동이, 점차 주거 및 도시환경에 대한 질을 높이는 운동으로 발전하였다. 이제는 지자체 행정, 중앙정부, 전문가 그리고 기업까지도 생활자 관점의 마을만들기, 도시만들기, 지역만들기, 국토만들기에 다 같이 나서고 있다. 생활공동체 차원의 문제를 발굴하여 이슈화하고, 사회합의를 통해 대안을 마련하는 성숙단계에 올라와 있다.

  이 책의 저자는 부동산개발 및 관리를 전공한 교수다. 주민들이 생활공간, 거주공간의 가치를 깨닫고 생활공동체로서 힘을 모아 만들어가는 주택단지 및 마을만들기의 사례를 발로 뛰며 조사·발굴하여 정리하였다. 사례를 통해 발견된 주거환경 만들기의 핵심 원칙을 여덟 개 주제어로 분류·재정리하고, 앞으로 필요한 사회제도를 개선해야 하는 과제도 적시하고 있다. 생활환경에 관한 한, 주민 스스로 권리의식과 책임감을 가지고 지자체와 협력하여 토지이용을 자율적으로 도모하며, 필요한 경우 토지소유를 스스로 공동화하는 일도 하고 있다. 아직 우리에게 많이 낯설지만, 우리가 갈 방향에 대해서 시사하는 바가 매우 큰 것으로 여겨진다.

  우리는 최근까지도 정부가 계획하고 기업이 참여하여 만든 주택, 도시용지가 시장에 공급되면, 이를 상품으로 구매하여 입주하는 것이, 생활자가 주거공간 만들기에 참여하는 전부였다고 해도 과언이 아니다. 도시를 만드는 일도 지자체, 정부나 공기업, 그리고 이에 참여한 개발 및 건설회사가 주도하고, 정작 실제 거주하며 생활하는 주민들은 과정의 제일 마지막에, 만들어진 대로 받으며 참여하는 말단 소비자에 불과하였다. 주택이나 주택단지 등 생활공간을 만드는 일도 마치 상품이나 현금 흐름과 같은 플로flow 개념으로만 간주하여 왔다.

그러나, 이제는 이미 만들어져 있는 주택지나 도시를 정비하는 일이 도시개발의 대부분을 차지하게 되었다. 멀쩡히 자기가 살고 있는 주택이나, 단지, 마을, 도시를 개수·개조하는 일인 만큼 처음부터 생활자인 주민들 자신이 관여하지 않을 수 없게 되었다. 주거공간, 도시공간을 만들어가는 일을 기존 자산을 가꾸어 가는 일, 즉 스톡stock을 관리하는 개념으로 보아야 할 시대가 된 것이다.

2005년부터 정부가 추진하고 있는 살고 싶은 도시만들기도 바로 생활공동체인 주민들이 도시만들기 과정에 주도적으로 참여하여 나서는 것을 말한다. 생활자 관점의 선진화된 도시만들기를 위해 반드시 필요한 일이다. 그와 동시에 과거에는 개발방식 지원을 위해 만든 것이지만, 지금은 오히려 점차 생활자 관점의 마을만들기·도시만들기를 가로막게 된 낡은 제도도 이제는 고쳐야만 한다. 하향식 일변도의 계획 및 재개발 추진으로 그동안 어렵사리 형성된 사회 자본의 지역공동체가 무분별하게 파괴되는 일이 있어서도 안 된다. 도시계획 제도도 하향식 개발을 일방적으로 지원하는 데서 벗어나 생활공동체 관점과 도시구조적 관점의 추진이 조화롭도록 하는 장치로 다시 정립되어야 할 것이다.

이 책에 소개된 사례들은 바로 우리 자신을 되돌아보게 하고 앞으로 지향할 방향도 생각하게 한다. 번역을 하는 일이 결코 쉽지 않음에도 불구하고 뜻을 세워 이처럼 귀중한 책을 우리 사회에 읽히도록 내놓은 역자 이기배 박사님의 노고와 열정에 깊이 감사

드린다. 이 책이 우리 사회에 생활공동체 형성의 새로운 가치를 열어가는 데 크게 기여할 것을 기대하며, 아울러 마을만들기·도시만들기에 관여하는 활동가 및 시민사회 단체, 행정담당자, 전문가 여러분이 널리 이 책을 읽어 볼 것을 권하는 바다.

2010년 7월

국토연구원 선임연구위원

박 재 길

저자의 글 | 한국어판 출판에 감사하며

한국에 계신 여러분, 안녕하십니까?
저는 사이토 히로코라고 합니다.
『앞으로 가치가 오를 주택지』의 한국어판 출판을 진심으로 기쁘게 생각하고 있습니다.

지금, 일본은 커다란 전환기를 맞이하고 있습니다. 인구는 감소하고 점차 고령화되어 가고 있습니다. 이미 성장사회에서 성숙사회로 들어갔다고 할 수 있습니다. 환경을 배려하는 등, 지금까지와는 전혀 다른 발상을 가지고 도시를 가꾸어가야 합니다. 그렇지 않으면 결국, 우리는 다음 세대에 커다란 짐을 남기게 될 것입니다.

그러나, 우리는 잘못된 생각들을 좀처럼 버리지 못하고 있습니다. 잘못된 생각임을 깨닫지 못하고 있는 사람도 적지 않습니다.
'지금까지의 생각이 잘못된 것이다' 라는 책을 쓰기에는 용기가 필요했습니다. 그런 저에게 용기를 준 것은 바로, 지난 10여 년동

안 일본 전국을 돌며 조사한 결과였습니다. 그것은 저의 즉흥적인 생각이나 믿음이 아닙니다. 증명을 하고 있는 것입니다.

그런 이유로, 일본에서는 이 책을 읽고 "새로운 눈을 가지게 되었다"라고 말하는 분들이 많이 계셨습니다. 많은 분들이 공감해 주셨습니다. 또한 일본에서 가장 영향력 있는 부동산 관련 협회로부터 '우수저작장려상'이라고 하는 영예로운 상을 받기도 하였습니다.

이 책의 내용은 일본뿐만 아니라 많은 나라에 대한 경고이며, 지침이기도 합니다. 한국의 여러분들께서도, 앞으로 우리에게 필요한 것이 무엇인가, 제가 무엇을 전하고자 하는지를 이해해 주실 것이라고 믿습니다.

2010년 7월

사이토 히로코 斉藤広子

머리말

주택지의 모습은 그 나라의 정책과 주민의식을 나타냅니다. 지금 우리의 주택지는 나라와 주민이 진정으로 바라는 모습이라고 말할 수 있을까요? 어딘가 좀 이상하고 뭔가 잘못되어 있다고 생각하지 않을 수 없습니다.

현재의 도시계획 및 부동산관련 법·제도 안에서, 지금과 같은 식으로 계속해서 주택지를 만들어 간다면, 일본은 틀림없이 망가지고 맙니다. 이미 그렇게 되어가고 있으며, 저는 그런 위기감을 느끼고 있습니다.

그렇지만 여러분을 절망에 빠뜨리려거나 비장하게 만들고자 하는 것은 아닙니다. 이 문제에 대해서 밝고 긍정적으로 생각하여, 앞으로 나아가야 할 방향을 명확히 제시하고자, 이 책을 집필하게 되었습니다.

이 책에서 말하고 싶은 것은 두 가지입니다.

첫번째, '주택지, 주택은 이래야 한다'고 많은 사람들이 믿고 있는 개념이, 사실은 일본 전체를 괴롭히고 있다는 것입니다. 일본을 망치고 있는 것입니다.

머리말

예를 들어 보겠습니다. '주택지'나 '주택' 하면, 이런 것들을 떠올리지 않습니까?

① 길은 넓고 직선인 것이 좋다.
② 정원은 넓은 편이 좋다.
③ 튼튼하고 높은 담이 있는 집이 좋은 집이다.
④ 사도私道에 접해 있는 집은 부동산 가치가 낮다.
⑤ 땅을 임대해서 살고 있으면 불안하다.
⑥ 법률에서 정하고 있는 것보다 더 엄격한 규칙이 있는 곳은 살기 힘들고 주택을 팔기도 어렵다.
⑦ 아파트에서 같은 관리조합이 있으면 성가시다.
⑧ 오래된 주택에는 매력도, 그리고 가치도 없다.

대부분이 이것을 보고, '그야 그렇지', '음, 그렇지 않나?' 라고 생각하겠죠.

이 책에서는 지금까지 여러분들이 상식으로 여겼던 이 여덟 가지를 뒤집을 것입니다. 그럴리가 없다고 말하는 좀 의심이 많은 분들을 위해서, 제가 10여 년동안 전국을 돌며 조사해 온 결과들을 통해 증명해 보이도록 하겠습니다.

일본을 살기 좋은 곳으로 만들 주택지, 우리를 풍요롭게 해줄 주택지를 소개하겠습니다. 그것은 앞으로 점점 가치가 올라갈 주택지기도 합니다.

두번째로, 이 책에서 말하는 '앞으로 가치가 오를 주택지'와 지금의 도시계획 및 부동산관련 법·제도 사이에는 잘 안 맞는 부분이 있다는 것입니다. 오히려 제도가 그런 주택지를 만들기 어렵게 방해하고 있습니다. 사회구조가 성장사회에서 성숙사회로 바뀔 필요가 있다는 것입니다.

이 책에서는 주로 단독주택지를 대상으로 하고 있지만, 여기서 이야기하고자 하는 주제는 기성시가지나 복합개발지, 집합주택지 등, 즉 인간이 사는 모든 곳에 해당되는 것입니다.

이 책을 읽은 다음에, 동네에 나가서 주위를 둘러보십시오. 틀림없이 지금까지 미처 알아채지 못했던 멋있는 변화가 보일 것입니다. 뒤집어야 할 여덟 가지 상식은, 우리가 가지고 있던 고정관념의 겨우 일부에 지나지 않습니다. 생각을 바꾸면, 우리 동네에서 새로운 변화가 계속해서 생기고 있음을 알 수 있을 것입니다.

자, 낡은 가치를 버리고, 새로운 가치를 공유합시다. 그리고, 멋있고 매력적인 주택지에서 많은 사람들이 살 수 있도록 합시다.

그렇게 하기 위해서, 주택지를 만드는 관계자들은 '이런 주택지'를 만들어 갑시다. 행정은 '이런 주택지'를 만들 수 있도록 법과 제도를 바꿉시다. 새로운 제도를 만듭시다. 그리고 그 제도에 맞게 정직하게 만드는 사람들을 응원하고 아낌없이 지원해 줍시다. 주택을 사는 사람, 거기에서 살 사람은 '이런 주택지'를 선택합시다.

자, '이런 주택지'라는 것은 구체적으로 어떤 주택지일까요?
'앞으로 가치가 오를 주택지', 그 매력에 빠져봅시다.

2005년 11월
사이토 히로코

차 례

역자의 글 / **5**
추천의 글 / **9**
저자의 글 / **14**
머리말 / **16**

▣ 지금, 주택지에서 무슨 일이 벌어지고 있는가 /25

지금의 주택사정 /**27**

▣ 보는 눈을 바꾸면, 이런 풍요로운 생활이 있다 /39

1. 집 앞의 길은 우리의 길 /41

즐거운 길 – 길에서 놀면 안 돼? /**41**
들어가면 안 돼? /**42**
현대풍, 들어가기 어렵게 하는 연출 /**44**
실제로 찾아가 보자 /**48**
살고 있는 사람들은 어떻게 평가하고 있나? /**58**
도로가 만드는 커뮤니티 /**60**
막다른 길은 멋지다 /**61**
칼럼 _ 커뮤니티란? /**65**

2. 작지만, 다양하게 이용할 수 있는 정원/71

    정원은 뭐 하는 곳일까?/71

    작지만, 다양하게 이용할 수 있는 정원/72

    실제로 찾아가 보자/76

    살고 있는 사람들은 어떻게 평가하고 있나/80

    광장이 만드는 커뮤니티/81

    광장의 관리가 만드는 커뮤니티/82

    '우리 장소'는 점점 넓어진다 - 그러니까, 정원은 좁아도 괜찮아/87

3. 담이 없어도 안심되는 동네/90

    도둑을 쫓는 방법 - 담을 만들지 않는다?/90

    외관이 열린 동네를 찾아가 보자/91

    누가 담을 만들었어? - 워크숍에서 생긴 일/96

    담은 필요없다. 만든다고 한다면 산울타리로/98

    매력 있는 주택지를 찾아서 _ 그린 스페이스가 있는 새로운 공·공·사 간의 관계 제시/105

4. 공유는 아름다운 주거환경을 지킨다/109

    딸기를 심으면 왜 안 되는 거야?/109

    누구 책임?/110

    모두가 함께 소유하고, 책임지고, 관리하고 있는 예/111

    모두가 소유하는 '공유'. 그게 뭐지?/113

    살고 있는 사람들의 공유에 대한 평가는?/115

    알지 못하는 사이에 생기는 공유의 효과/117

공유의 '주민에 의한 의사결정 시스템'이 중요 /118
칼럼 _ 공유로 하는 것이 뭐든지 좋은 것은 아니다! /119

5. 차지는 안심되고 쾌적하다 /121
예산 초과. 일본 주택이 비싼건 땅이 비싸서? /121
정기차지가 뭐지? /122
싸다는 것만이 매력은 아니다 /123
빌린 땅이 쾌적하고 안심되는 이유 /128
칼럼 _ 정기차지 공용방식 /132

6. 규정이 있는 편이 자유롭다 /140
규정은 왜 있는거야? /140
건축협정이 뭐지? /141
협정이 있는 매력적인 주택지를 찾아가 보자 /143
살고 있는 사람들은 협정을 어떻게 평가하고 있는가? /147
협정은 정말로 효과가 있는가? /148
규정이 중요한 게 아니다. 중요한 것은 과정 /149
중요한 것은 행간을 이해하는 것 /152
칼럼 _ 건축협정의 구조와 활용 / 154

매력 있는 주택지를 찾아서 _ 협동조합(corporative) 방식을 살린 우량 전원주택 /157

7. 관리조합은 주택지의 가치를 높인다 /162
이제 겨우 관리조합에서 탈출했는데, 또 /162
단독주택지에 관리조합? /163

실제로 찾아가 보자 / **165**

단독주택지의 관리조합은 3+1의 융합 / **171**

관리조합에 대한 주민들의 평가는? / **179**

좋은 주택지에는 관리조합이 있다 / **180**

8. 오래된 주택지의 좋은 점은 지속성에 있다 / **182**

오래된 주택의 매력 / **182**

오래되었기 때문에 매력이 있다는 것이 아니다 / **183**

오래되고 멋있는 주택지를 찾아가 보자 / **185**

살고 있는 사람이 주거환경의 가치를 만드는 시대 / **192**

■ 이런 주택지를 더 늘리기 위해서는 / **193**

매력적인 동네를 만들자! / **195**

동네를 스스로 관리하자! / **198**

실천을 위한 제도를 만들자! / **200**

사람을 만들자! / **203**

의식을 공유하자! / **205**

마치며 / 207

지금, 주택지에서 무슨 일이 벌어지고 있는가

지금의 주택사정 – 패자와 승자

일본에는 주택이 남아돈다. 택지도 남아 있다. 이미, 세대 수에 대한 주택 수는 1.1배를 넘어서고 있다. 앞으로는 주택, 주택지에 패자와 승자가 확실하게 구분되어 나타나게 될 것이다. 패자는 어떻게 되는 것인가.

자, 새 집을 사자. 지금의 집은 내놓자. …… 그렇지만, 기다리고 기다려도 주택구입을 희망하는 사람이 나타나지 않는다. 어쩔 수 없으니까, 세를 놓자. …… 역시 아무리 기다려도 아무도 세를 얻으려 하지 않는다. 이제 됐어. 이 주택은 그대로 두고, 새로운 주택을 사서 이사를 하자. 이 주택의 대부금이랑 고정자산세 정도야 어떻게든 되겠지. 불안하긴 하지만 ……. 언젠가는 토지가격이 오를 거야.

이런 식으로, 이 주택지에서는 한 명이 줄고 두 명이 줄고, 점점 황폐한 주택지가 되어 간다. 모처럼, '구입해볼까?' 하고 찾아오는 사람이 있어도 황폐해진 주택지에서는 매력을 느낄 수 없다. 그리고, 기대했던 것과는 달리 토지 값도 오르지 않는다. 비어 있는 집이니까, 주택은 날이 갈수록 망가져 간다. 그러나 주택 대부금과

세금만은 확실하게 내고 있다. 동네 마을회장님한테, '치안에 좋지 않으니까 잡초만이라도 싹 뽑으세요'라고 혼줄이 났다. 한 달에 한 번, 잡초를 뽑으러 가는 것도 이제 힘들고 지겹다. 새로 산 주택의 대부금도 내야 하고, 남아 있는 주택의 대부금도 내야 하고, 아아, 이놈의 인생 뭐 때문에, 왜 사나……

한편, 승자 쪽은 어떤가?

새 주택을 사자. 이 집은 내놓자. 희망가격은 ○○인데……. 네? ○○ 이상에 팔 수 있다고요? 그럼 그렇게 해 주세요. 벌써 구입자가 나타났어요? 네 네, 잘 부탁드립니다. 이렇게, 생각보다 빨리 팔려서, 더구나 비싸게 팔려서, 새로운 집으로 꿈과 희망을 품고 길을 떠나게 된다.

이것은 단독주택지만의 이야기가 아니다. 아파트에서도 똑같은 일이 벌어지고 있다. 모두가 새 아파트를 사서 꿈과 희망을 품고 들어간다. 아파트는 평생 살려고 하는 사람도 있겠지만, 그렇지 않은 사람도 많다. 그래서 아파트에서는 단독주택보다도 중고매매가 많이 이루어지며, 주택 소유권의 회전율이 높아진다.

도쿄 도東京都 네리마 구練馬區에 있는 분양 아파트 약 천 세대를 대상으로, 소유자가 얼마나 바뀌고 있는가를 등록부에서 조사해 보았다. 10년 동안 240번 소유자가 바뀌었다[1]. 단순히 계산해 보면, 1년에 2.4%의 회전율이 된다. 이 수치는 아파트의 입지, 집의 넓이나 채광, 구조, 층수, 등급 등에 따라서 달라진다. 참고로, 초고

지금, 주택지에서 무슨 일이 벌어지고 있는가

주택이 20% 정도밖에 지어져 있지 않은 주택지. 공터에는 잡초가 무성하다.

아무도 살지 않아 자연으로 되돌아가는 주택지.

층 아파트만을 보면, 1년에 3.7%의 회전율이 된다. 10년에 20~30%, 20년에 반수 정도가 바뀌는 것이다. 아파트에서 이 정도는 결코 드문 게 아니다.

　어느 아파트든지, 아파트를 소유하고 있는 사람들은 자기 집이 잘 팔릴 것이라 생각하고, 인생을 설계해 왔을 것이다. 그럼에도 불구하고 팔리지 않는 집, 아파트가 있다. 그 때문에 빈 집이 생기게 된다. 빈집이 20% 정도가 되면 남아 있는 주민들만으로 관리하는 것은 괴로운 일이 된다. 떠나간 소유자들도 집이 팔리지 않는 한은 다달이 관리비, 수선적립금, 게다가 단독주택보다도 비싼 고정자산세를 내지 않을 수 없다. 이럭저럭 하는 사이에 지은 지 25년이 흘렀다. 아파트의 외벽을 수선하고 옥상에 방수를 하는 대규모 수선을 하는 것이 벌써 두번째다. 게다가 급수관이 심하게 헐어서, 이번 대규모 수선에서는 급수관 교체공사도 함께 한다고 한다. 결국, 수선비로 한 번에 150만 엔円을 냈다. 도대체 뭐 때문에 주택을 가지고 있나…….

　어째서 이렇게 되고 말았는가? 아파트와 단독주택지에서 똑같이 일어나기 시작한 이 비극의 원인은, 대부분의 사람들이 부동산이라는 것은 무리해서라도 일단 사두기만 하면 나중에는 가격이 오를 것이라고 생각하는 것에 있다. 분명히, 가격이 올라갔던 때도 있었다그림 0-1. 즉, 부동산은 가지고 있는 것만으로 가치가 있었던 것이다. 그러나, 이미 그런 시대는 끝났다.

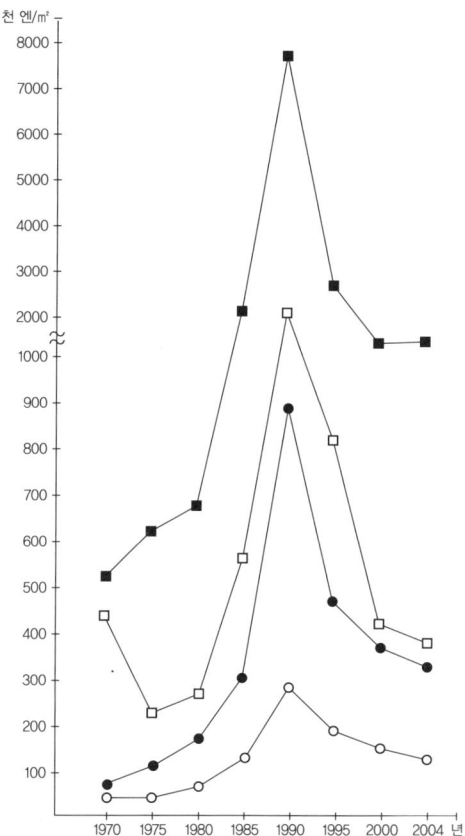

그림 0-1. 전국 및 도쿄의 지가 추이
(자료: (財)日本不動産研究所『不動産經濟統計 R&E Statistics 2004』都道府縣紙版).
그림은 5년을 단위로 하고 있으며, 공시지가가 가장 높았던 때는 1991년이다.

사람들은 편리하고 이용하기 좋은 것이 아니라, '비싼' 가격이 매겨지는 것이 좋은 부동산이라고 하는 잘못된 가치관을 가지고 있던 것이다.

그리고, 값은 반드시 오른다. 누군가가 올려줄 것이다. 이것도 완전히 틀린 생각이다. 어디가 틀린 것일까?

첫번째는, '부동산을 가지고 있는 것, 주택을 가지고 있는 것에 가치가 있다'는 것이 틀렸다. 부동산, 주택을 가지고 있는 것은 오히려 고통으로 변하고 있다. 우리는 무엇을 위해서 주택을 가지고 있는가? 제일 중요한 목적은 안심하고 살기 위해서다. 그럼에도 불구하고 가지고 있는 것이 커다란 불안이 되고 있다 그림 0-2.

어느 한 주택의 예를 들어 보자. 거품경제의 절정기에 이 주택은 7,800만 엔이었다. 지금은 어떨까? 3,500만 엔이다. 주택 자체는

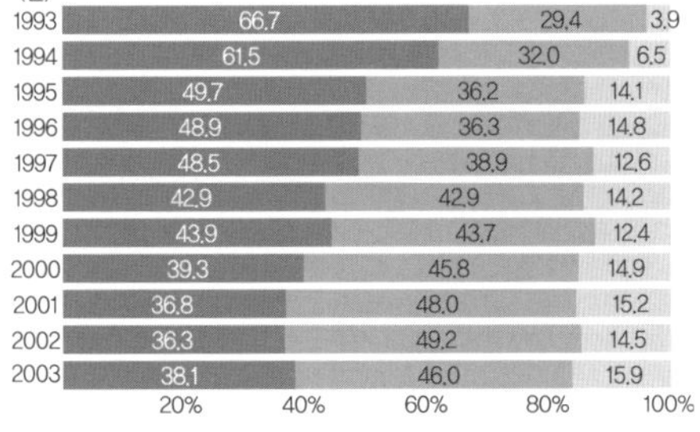

(년)	향후, 소유가 유리	향후, 임대·임차가 유리	기타
1993	66.7	29.4	3.9
1994	61.5	32.0	6.5
1995	49.7	36.2	14.1
1996	48.9	36.3	14.8
1997	48.5	38.9	12.6
1998	42.9	42.9	14.2
1999	43.9	43.7	12.4
2000	39.3	45.8	14.9
2001	36.8	48.0	15.2
2002	36.3	49.2	14.5
2003	38.1	46.0	15.9

그림 0-2. 향후 토지소유의 유리함에 관한 의식
(자료:『土地所有・利用狀況に關する企業行動調査』國土交通省土地・水質源局總務課 감수, (財)土地情報センター 발행의 「わかりやすい土地讀本」 2004년)

아무것도 변하지 않았다. 그런데도 가격이 자기 혼자서 올라가고 내려간다. 7,800만 엔에 구입한 주택을 매각해도 지금은 빚밖에 남지 않는다. 가지고 있는 것에 의미가 있는 것이 아니라, 이용하는 것에 의미가 있는 것이다.

두번째로, '부동산의 값은 반드시 오른다. 저절로 오르게 되어 있다'는 것이 틀린 것이다. 지금, 지가는 상승에서 하락으로 바뀌고 있다. 시간이 지나면 어디든지 가치가 올라가는 시대에서 시간에 따라, 장소에 따라 가치가 다르게 만들어지는 시대로의 변화라고 할 수 있다.

2006년을 정점으로 인구가 감소하고 있다. 따라서 점점 차이는 커질 것이다. 매력이 없는 주택지에서는 사람이 떠난다. 사람이 떠난 주택지는 더욱 매력이 없어진다. 그렇게 되지 않도록 매력을 유지하지 않으면 안 되는 것이다.

세번째로, '자기의 토지와 건물밖에 보지 않는다'는 것이 틀렸다. 앞에서 본 아파트의 사례에서, 자기가 사는 집의 리폼은 자기가 하고 싶으면 할 수 있지만, 건물 전체의 외벽이나 공용복도와 계단, 엘리베이터 등의 수선이나 개수는 개인의 의지로는 할 수 없다. 거주자의 합의가 필요하기 때문이다. 아무리 자기 집을 깨끗하게 한 들, 그것은 단지 두꺼운 화장을 하고 있는 것일 뿐이며, 건물의 지붕과 외벽, 엘리베이터와 급수, 배수 설비 등, 공용부분을 적정하게 수선하지 않으면 건물이 본질적으로 개선되지 않는다. 그렇기 때문에 개인의 집도 중요하지만, 실제로 가치를 결정하는 것은 그 주변을 받치고 있는 주거환경의 가치다. 주거환경은 한 사람이 만들 수 있는 것이 아니기 때문에 적정한 주거환경을 유지하는 것에는 엄청난 가치가 있다.

네번째로, '값비싼 주택이 좋은 주택' 이라고 하는 것이 틀린 것이다. 이에 대해 간단한 사례를 들어보자그림 03. 여기에 두 곳의 주택지가 있다. 주거환경은 어느 쪽이 좋을까? 아마 A일 것이다. 그런데 일본에서는 B쪽이 비싸다그림 04 참조. 즉, 부동산 가격은 '환경이 좋다', '이용하기 좋다' 가 아니라, 단지 그 토지이용의 자유도가 얼마나 높은지를 나타내고 있는 것이다. 바꾸어서 말한다면, 느닷없이 옆에 성인오락실이나 윤락가, 햇빛을 가리는 높은 빌딩이 들어설 가능성이 있는 주택지쪽의 값이 비싸다는 것이다. 과연 이런 환경을 누가 원하겠는가? 지가가 안정되어 있는 성숙사회에서는 오히려 안정된 이용을 원한다. 돈벌이가 안 된다고 해도, 지금보다 더 나빠지는 것은 원하지 않는다.

앞으로의 주택지에 바라는 가치

지가안정을 기반으로 한 성숙사회, 스톡형 사회, 지속성 사회에서는 주택에 바라는 가치가 확실하게 변할 것이다. 아니 이미 변해가고 있다고 하는 게 맞다.

첫째, 사람들은 진정한 가치를 바라게 되었다. 그것은 교환가치

A 조용한 주택지

B 성인오락실은 시끄럽고, 트럭도 다닌다.

그림 0-3. 두 개의 주택지 중 살기 좋은 곳은 A지만, B가 더 비싸다.

가 아니라 이용가치다. 이용가치가 높은 주택이라는 것은 거기에 사는 사람이 만족하는 주택이다. 살고 있는 사람은 언젠가 자기 집이나 부동산의 가치가 오를 것이라는 망상에서 해방되어 자기의 감성, 자기의 감각에 따르면 된다. 그런 것이 쌓여서 진정한 주택시장을 만들기 때문이다. 즉, 부동산시장을 만드는 것은 부동산업자가 아니라, 바로 거기에 사는 사람이다. 시장을 공급자가 만들던 시대에서, 수요자가 만드는 시대로 변하고 있다.

둘째, 개인이 노력해도 만들 수 없는 것, 행정이 노력해서도 만들 수 없는 것, 그 가치를 원하게 되었다. 그것이 제2의 가치, 주거환경이다. 이것은 좀처럼 부동산시장을 통해서는 얻을 수 없었다. 그러나 새로운 변화가 생겨나고 있다. 주거환경이 시장에서 평가를 받게 된 것이다.

셋째, 가치는 변화하는 것이다. 그 변화를 결정하는 것은 행정의 정책도, 부동산업자도 아니다. 가치는 사람이 만드는 것이다. 특히, 스톡형 사회에서는 그곳에 사는 사람이 만드는 것이다. 따라서 살고 있는 사람에 의해서 가치를 계속 높여갈 수 있는 것, 가치를 만들어가는 구조를 지닌 것, 바로 거기에 새로운 가치가 있다.

이상에서 말한 주택의 새로운 가치는 지금까지의 가치관을 뒤엎는 것이기도 하다. 예를 들어, 지금까지 가치가 낮다고 생각해 왔던, 혹은 성가시다고 여겨 왔던 막다른 골목길, 좁은 정원, 공유, 임대 토지, 협정, 관리조합, 오래된 집 등, 이른바 마이너스였던 것이 플러스가 되는 것이기도 하다.

지금이야말로, 이런 발상의 전환이 필요한 시점인 것이다.

이 책에서는, 구체적으로 새로운 가치, 그 가치를 만들어내는 수법을 소개하려고 한다. 여기에서 소개하는 새로운 가치를 만드는 여덟 가지 수법, 그것은 지금까지 마이너스라고 생각해 왔던 것이다. 이것을 읽으면, 틀림없이, 아무렇지도 않게 보아 왔던 주변의 거리, 주택, 부동산이 달라져 보일 것이다.

---

1) 아파트 등록부에 의한 소유자 이전 조사결과는 이하를 참조하였다. 武藤由美 『所有權移轉から見た團地内における繼續居住に關する硏究』 2001년도 메카이(明海) 대학대학원 부동산학연구과 석사논문, 2002년.

보는 눈을 바꾸면, 이런 풍요로운 생활이 있다

1. 집 앞의 길은 우리의 길

즐거운 길 – 길에서 놀면 안 돼?

 어렸을 때, 길에서 참 많이 놓았다. 분필로 허수아비를 그리기도 하고, 깽깽이, 달리기, 줄넘기, 고무줄 등을 하며 뛰어놀았다. 지금 생각해보면 차는 어디로 다녔을까? 참 신기하다. 신나게 뛰노는 아이들이 무서워서 가까이 오지 못했던 것이었는지도 모르겠다. 언제부터 아이들은 길에서 놀지 않게 되고, 차가 길을 차지하게 되어 버렸을까? 아이들은 공원에서 놀아야 하는 것이고 도로는 차가 달리는 곳이 되어 버린 것은 인류의 긴 역사 속에서 겨우 최근 10년일 것이다.

 그리고, 우물가나 빨래터에서 수다를 떨 수도 없게 되었다. 그렇게 모두가 모일 수 있는 장소도 없다. 길에 서서 이런 저런 이야기를 하고 있으면, 스스로 목숨을 차에 바치고 있는 것 같다. 길은 놀 수 없는 곳이 된 것인가.

 또 한 가지 길의 즐거움은 탐험놀이를 할 수 있던 것이다. 두근거리는 길이 있었다. 2년고갯길二年坂이나 3년고갯길三年坂을 걸을 때면, 그 길의 풍경과 경외심으로 두근거렸는데, 지금도 일본의 구시가지, 그리고 대만이나 베트남, 태국, 이탈리아에는 그렇게 사람들을 두근거리게 하는 길이 많이 있다.

'여길 지나가도 괜찮을까?' 하고 생각하면서, 양쪽 집 안을 슬쩍 들여다 본다. 기분 좋게 낮잠을 자고 있는 아저씨가 보인다. 길 앞쪽이 보이지 않는다. '막다른 길인가?' 라고 생각하면서, 불안과 기대로 가슴이 벅차 오른다. 그 길 양쪽에는 알지 못하는 세계가 펼쳐져 있다. 보일락 말락한, 그 생활을 들여다보고 싶다. 그러나 보면 안 된다고 하는 생각, 들어가선 안 되는 곳에 들어가버린 것만 같은 그런 기분이 든다.

들어가면 안 돼?

길에서 느꼈던 두근거렸던 추억과 조마조마했던 추억, 이 두 가지 즐거운 추억은, 사실 입장을 바꾸어보았을 뿐이다. 내가 놀았던 추억은 거기에 사는 거주자로서의 추억. 그리고 탐험놀이를 즐겼던 추억은 거기에 살지 않는, 거주자가 아니기 때문에 느꼈던 추억이다. 둘 다 같은 장소에서 이루어진 것이다. 다시 말하면, 아무나 지나다니고 아무 차나 다 통행할 수 있는, 그런 길은 아니라는 것이다.

살지 않는 사람들에게는 자기의 영역이 아니며 자기 이외에 다른 사람의 영역이라고 느껴진다. 특별히 길 입구에 '들어오면 안 됩니다' 라고 쓰여 있지는 않다. 길 입구에 문이 있어 열쇠가 채워

교토(京都)의 길. 경관과 경외심으로 가슴 설렌다.

가슴 설레며 지나가는 교토의 골목길.

져 있는 것도 아니다. 그러나 그렇게 느낀다. 왜 그럴까?

다른 사람의 영역에 들어가버린 듯한 기분이 들기 때문이다. 여기는, 여기에 살고 있는 사람들의 영역이며 활동범위다. 눈에 보이지는 않지만, 거기에 들어가는 데는 투명한 벽이 있다. 이런 경우의 길은 '내 길', '우리 길', '누구든지 쓸 수 있는 길' 중에서 '우리 길'이 된다. '우리 이웃의 장소'인 것이다.

생각해 보면 이런 장소는 옛날에 더 많았다. 그런데 지금은 자기 집 앞의 길조차도 자유롭게 쓸 수가 없다. 위험한 장소가 되었다. 그래서, 우리를 설레게 하는 길도 적어졌다.

현대풍, 들어가기 어렵게 하는 연출

길에는 여러 가지 기능이 있다.

하나는 교통기능이다. 사람이나 차가 안전하고 효율적으로 통행한다. 그리고 길 양쪽에 있는 토지, 건물, 시설에 드나든다. 이와 같이 사람이나 차가 지나가는 통행기능과 건물에 출입하는 등의 접근기능이 있다.

두번째로는 시가지를 형성하는 기능이 있다. 즉, 길이 도시의 골격이 되고 건물에 적정하게 햇빛이 들 수 있도록 한다.

세번째로는 재해가 일어났을 때의 연소방지 등과 같은 방재공간으로서의 기능이 있으며, 동시에 전기, 가스, 전화, 상·하수도 공급시설의 정비공간이기도 하다.

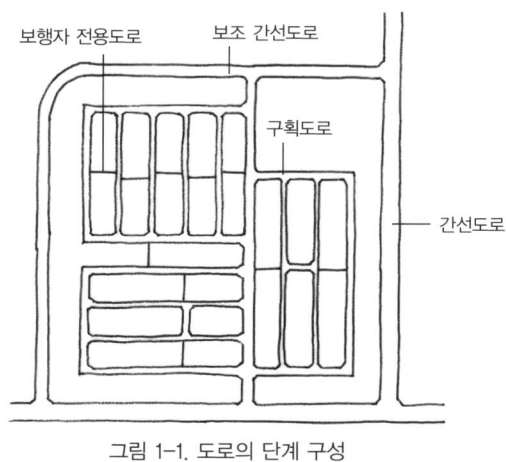

그림 1-1. 도로의 단계 구성

이렇듯, 길에는 기본적으로 주어진 기능이 있다. 만일의 경우에, 재빠르게 소방차가 들어갈 수 있는 것은 아주 중요하다. 두근거림과 조마조마함을 위해 길의 기본적인 기능을 저해해선 안 된다.

또, 길에도 여러 수준이 있는데, 주택지에서 보면 간선도로, 보조 간선도로, 구획도로, 보행자 전용도로 등이 있다. 각각의 수준에 따라 주어진 기능이 달라진다그림 1-1.

여기서는 우리의 생활과 가장 관계가 깊은 길, 집 앞의 길인 구획도로에 대해서 생각해 보자.

이 길은 살고 있는 사람들에게 쾌적한 공간이어야 한다. 즉, 중요한 것은 지나가는 사람들을 위해서 간단하고 빠르게 통과할 수 있게 만드는 것이 아니라, 사는 사람들을 우선 생각하여야 한다는 것이다.

 살고 있는 사람이 사용하기 좋다는 것은, 볼일이 있는 사람은 누구든지 언제든지 들어가기 쉬운 길이라는 것이다. 그러나, 그렇게 하면 볼일이 없는 사람들도 그냥 이 길을 지나간다. 살고 있는 사람들이 '두근두근' 과 '조마조마' 를 느낄 수 있는 길로 만들고 싶다. 따라서 볼일이 없는 사람들이 아무나, 아무 때나 들어가기는 어렵게 하는 것이 필요하다. 그렇다고는 해도, 길 입구에 열쇠를 채워놓으면 거꾸로 살고 있는 사람들이 다니기 어렵게 된다. 늦어서 서둘러야 하는데도 가방에서 열쇠를 꺼내야 한다. '나 참! 길을 가는데도 일일이 열쇠가 필요하냐!' 그렇기 때문에 '들어갈 수 없다' 가 아니라 '들어가기 어렵다' 는 것을 만들어야 한다.

 길의 기본적인 기능은 살리면서도 '이웃 사람들이 안심하고 모두가 사용하는 장소' 인 새로운 형태의 길을 만들려고 하는 움직임이 있다. 물론 여기에서 말하는 길이라는 것은 각 집 앞의 길, 구획도로를 말하는 것이다.

 예를 들어서, 길을 지나려고 하는데 잠겨 있는 문이 있다면, 물리적으로 '들어갈 수 없다' 가 된다. 이런 식으로 해서 사람을 들어가지 못하게 하는 방법도 있기는 하다.

 미국의 게이티드 커뮤니티 Gated Community는 거주자 이외의 사람, 그리고 거주자를 찾아온 방문객이 아닌 사람은 주택지 안에 들어올 수 없도록 하고 있다. 일본의 아파트 입구가 자동 잠금장치로

미국 주택지의 입구. 이런 주택지를 게이티드 커뮤니티라고 부른다. 경비원이 문을 열어주거나, 비밀번호를 눌러야 문이 열린다.

되어 있는 것과 비슷하다. 미국의 경우, 이렇게 자기들의 영역을 둘러쌈으로 해서 안전성을 높이고자 한다고 하는 점도 있지만, 외부영역과 차별을 두어 주거환경의 질을 높이고, 부동산 가치를 높이는 것에 역점을 두고 있는 듯 하다.

아직 본격적이라고는 할 수 없지만, 일본에서도 주택지 입구에 문을 설치하고 경호원을 배치하는 것과 같은 방법은 이미 나와 있다. 그러나 그런 것보다는 들어가기 어렵게 만드는 사례가 늘고 있다.

- 처음 가는 길. 갑자기 폭이 좁아져 버렸네. 이대로 가도 괜찮을까?

- 처음 가는 길. 어? 블록이 깔려있네. 여기를 차로 지나가도 괜찮은 건가?
- 처음 가는 길인데 막다른 길처럼 보이네. 길 앞쪽에 나무도 보이고. 어? 벤치도 있어. 여기 길 맞아?
- 처음 가는 길. 일방통행인가? 음, 저쪽으로 가는 게 낫겠다.

이런 식으로, 길 폭, 바닥, 부속시설, 형태 등에 의해 들어가기 어렵게 만드는 것이다. 자, 그럼 실제 사례를 찾아가 보자.

실제로 찾아가 보자

예를 들어, 단독주택지를 새롭게 개발하려고 한다고 하자. 각 시정촌市町村에서는 주택지를 개발할 때 도로나 공원을 이런 식으로 만들어 달라고 하는 공공시설의 정비기준을 가지고 있다. 「개발지도요강開發指導要綱」이라고 불린다. 이것에 따르면, 거의 대부분의 경우, 길 폭은 6m, 막다른 길은 만들 수 없고, 곧게 뻗은 도로에 표면은 그 무미건조한 아스팔트가 된. 도로 안쪽에 나무나 꽃을 심거나 벤치를 놔두는 것은 당연히 불가능하다.

그러나, 그런 중에서도 설레는 길을 만들려고 하는 시도가 있다. 그런 단독주택지 몇 군데를 찾아가보자.

우선, 효고 현兵庫縣 고베 시神戸市에 있는 세신西神 뉴타운의 '호프타운 가리바다이ホープタウン狩場台'에 가 보자그림 1-2.

이 주택지에 아는 사람이 살고 있어 찾아왔다. 그런데 입구가

보는 눈을 바꾸면, 이런 풍요로운 생활이 있다　　　　　　　　　　　　　49

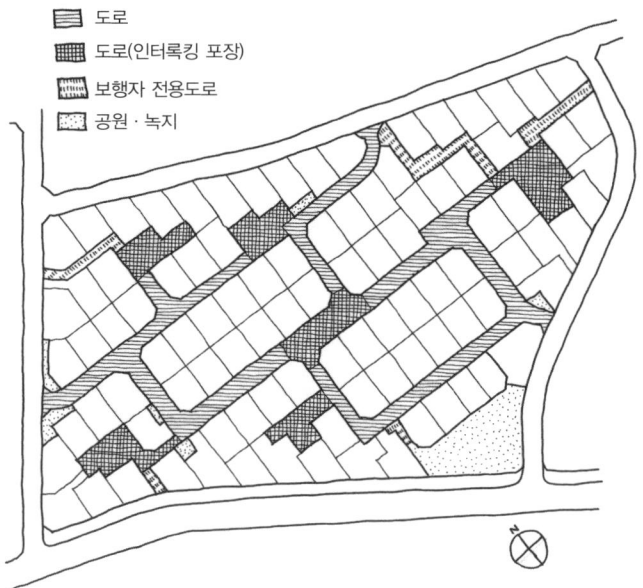

그림 1-2. 호프타운 가리바다이의 길. 마치 미로와 같아 볼일이 없는 차는 들어오기 힘들다.

어디 있는지, 어디로 들어가면 좋을지 잘 모르겠다. 겨우 입구를 찾았다. 주택지에 들어가는 정문인 것 같다. 문은 있다. 열쇠가 채워져 있는 것도 아니고, 물론 문짝도 없다. 들어가보자. 들어가면 길이 구불구불하다. 직선이 아니다.

길과 길이 만나는 부분, 막다른 부분에는 광장이 만들어져 있다. 그 부분은 인터록킹Interlocking이 깔려 있다. 인터록킹이란, 포장용 블록인데 주로 보도, 공원, 주차장에 사용하며, 색이나 디자인이 다른 것보다 더 정교하다. 일반적인 도로의 아스팔트 포장이 아니기 때문에 느낌이 좋다. 나무와 꽃이 심어져 있고 벤치도 놓여 있다. 이게 길인지, 광장인지.

주택지 안으로 들어가기는 좀 힘들지만, 들어가보면 주택지 전체가 하나의 공원이고, 그 안에 집들이 점점이 흩어져 있는 것 같이 보인다.

아무래도 이 주택지에서는 기본적으로 자기 집 앞의 길은 자기가 사용하는 것으로 생각하고 있는 듯하다. 그렇기 때문에 이 주택지에 볼일이 없는 사람들은 들어오기 힘든 것처럼, 바둑판에 눈금 그리듯 단순하게 길을 만들어 놓지 않았다. 막다른 길이나 루프loop 모양으로 되어 있다. 잘 모르는 사람은 미아가 될 것 같다.

같은 뉴타운 안에 있는 '마이코트 미카타다이 Ⅰマイコート美賀多台Ⅰ'에도 들러 보자그림 1-3. 볼일이 없는 차가 그냥 길을 통과하는 것을 피하기 위해서, 차를 가지고 주택지에 들어갈 수 있는 진입구는 주택지 전체에 두 군데밖에 없다. 길은 거의 반듯하지만, 대부분이 컬디섹cul-de-sac, 이른바 막다른 골목길이다. 빠져나가는 게 불가능하다. 그리고 막혀 있는 부분은 적극적으로 광장으로 만들어 나무를 심어 놓았다. 또, 좀전에 들렀던 주택지처럼 길과 길의

보는 눈을 바꾸면, 이런 풍요로운 생활이 있다

이 문을 지나서 주택지 안으로 들어간다.(호프타운 가리바다이)

길의 포장과 식재. 길인지 광장인지 알 수 없는 공간이다.

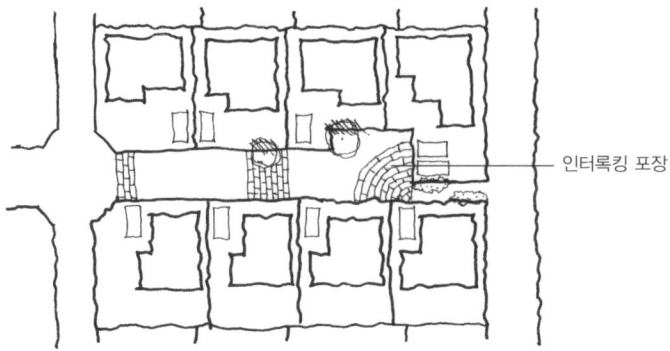

그림 1-3. 마이코트 미카타다이 Ⅰ의 길. 막다른 골목으로 구성되어 있다.

포장이 다양하여 사유지로 착각할 정도다.(마이코트 미카타다이 Ⅰ)

교차점이나 막힌 부분을 인터록킹으로 포장하여 길에 변화를 주었다. 지나가는 사람과 운전자에게 '여기가 교차점이에요!' 하고 주의를 주고 있다.

그 옆의 주택지 '마이코트 미카타다이 Ⅱ'에서도 같은 시도가 이루어지고 있는데, 거기에 더해서 길을 때때로 옆으로 불룩하게 하여, 그 부분에 작은 광장을 만들고 나무를 심거나 벤치를 놓아 두고 있다.

다음으로 같은 효고 현의 산다三田 뉴타운에 있는 스즈카케다이 すずかけ台 2초메2丁目를 들여다 보자 그림 1-4.

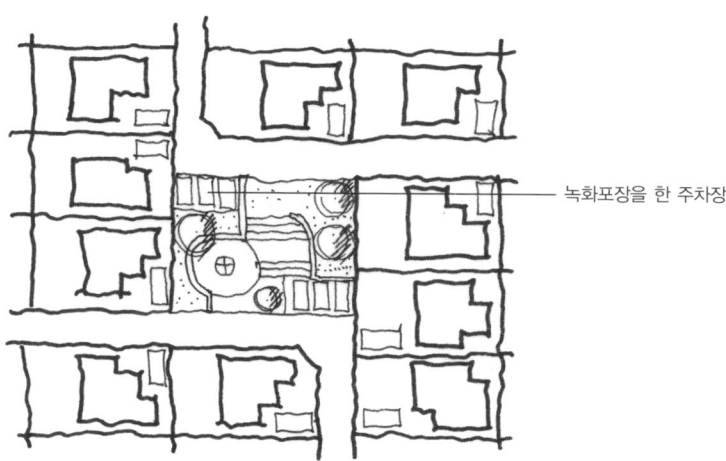

녹화포장을 한 주차장

그림 1-4. 스즈카케다이의 길. 똑바로 빠져나갈 수 없으며 안쪽에는 공원이 있다. 이래서는 들어가기가 쉽지 않다.

주택지 입구는 타일로 포장되어 있다.(스즈카케다이)

L자형 도로의 휘는 부분에 광장이 있다.(스즈카케다이)

들어가 보면 길이 타일로 포장되어 있어, 여기부터는 '다른 영역에 들어갑니다'라고 말하고 있다. 또, 길 폭도 지금까지보다 조금 좁아진다. 재어 보니까 다른 길보다 20% 정도 좁다. 게다가 길은 도중에 90°로 '확' 하고 휜다.

길이 휘어진 곳에는 광장이 만들어져 있다. 아마도 이 주택지는 30~40채가 하나의 그룹이 되어서, 그 그룹의 가운데를 폭 4.8m의 L자형 도로 2개가 지나고 있는 것 같다. 중심부분은 광장이다. 도로 배치가 꼭 卍자처럼 되어 있어, 卍형 도로라고 불릴 것만 같다.

이 정도로 대담하게 형태를 바꾸지 않고, 살짝 궁리를 해서 만들어진 예가 니시노미야시西宮市에 있는 '나지오 뉴타운 히가시야마다이名鹽 ニュータウン東山台' 다그림 1-5.

길의 중앙부근을 옆으로 불룩하게 해서, 거기를 도로광장으로 만든다그림 1-6. 도로광장 부분에는 나무, 벤치가 있고 쓰레기 집하장도 있다. 쓰레기장 같은 것은, 굳이 말하자면 다들 싫어하기 때문에 보통은 주택지 구석에 만들어놓는데, 여기에서는 가장 좋은 위치를 차지하고 있다. 길의 폭은 5.5m며 중앙은 7m로 되어 있다. 자세히 보면, 길마다 집 울타리로 심어놓은 나무들도 종류가 다르다. 예를 들어, 이 길은 동백꽃 길이고, 저 길은 벚꽃 길, 단풍나무 길 등, '우리 길'이라는 느낌이 든다.

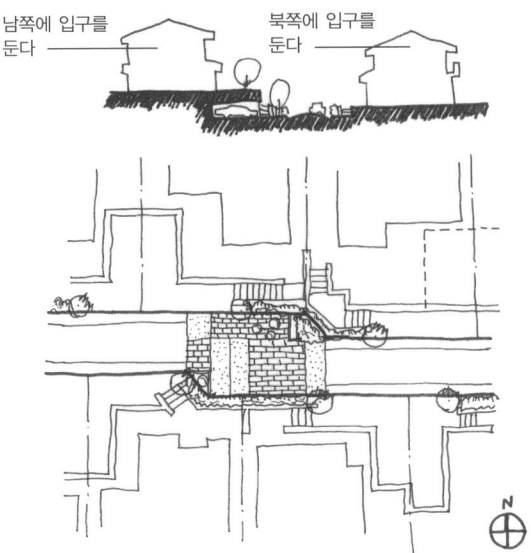

그림 1-5. 나지오 뉴타운 히가시야마다이의 길. 길 중앙부를 불룩하게 하여 도로광장을 만들었다.

길 가운데를 불룩하게 해서 만든 광장(나지오 뉴타운 히가시야마다이)

도로광장의 쓰레기 집하장. 이렇게 깨끗하니 쓰레기를 깔끔하게 내놓을 수밖에 없다.

그림 1-6. 녹지가 넉넉하여 길에 표정이 있다. 산책도 즐겁다.

살고 있는 사람들은 어떻게 평가하고 있나?

앞에서 소개한 길은 그 지구 안에 볼일이 없는 사람과 차를 될 수 있으면 피하고자 하여 만들어진 것이다. 그런데도 들어오려고 하는 사람은 분명한 목적이 있는 사람이다. 거주자가 아닌 내가 처음으로 지날 때는 두근두근거린다. 게다가, 이와 같이 만들어진 길은 보기에도 아름답다. 지금까지의 길과는 다르게 의도적으로 '우리 장소'로 만들고자 한 길은 지나가는 것도 즐겁고 보는 것도 즐겁다.

자 그런데, 이렇게 만들어진 길을 살고 있는 사람들은 어떻게 생각하고 있을까?

좀 전에 본 길이 있는 주택지의 주민들에게 물어보자그림 1-7.

주민들은 구불구불하게 하거나 폭을 좁히는 등, 다양한 방법으로 고안된 이런 길에 대해서, 일반적인 길이라기보다도 '아이들의 놀이터가 되고, 살고 있는 사람들이 얼굴을 익히고, 이웃과 사귀는 장소가 된다.' 그렇기 때문에 '이웃끼리의 사귐을 위한 커뮤니티를 형성하는 데 좋다'고 대답하고 있다.

갑자기 차를 타고 들어선 나는, 아주 나쁜 일을 한 것 같은 기분이 든다. 물론, 차는 천천히 몰고 있다. 역시 사람들도 이런 길이 '차 주행속도의 억제'에 도움이 된다고 대답한다.

조심스러운 것은 차 뿐만이 아니다. 사람도 그렇다. 주민들은 '낯선 사람이 지나가기 어려울 것'이라고 말하고 있으며, 실제로

〈호프타운 가리바다이: 주민을 위한 길이 있는 주택지〉

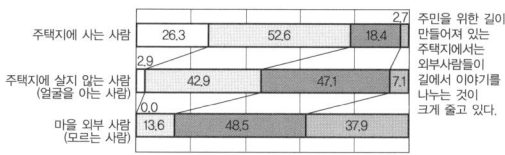

〈그 주변의 주택지: 일반적인 주택지〉

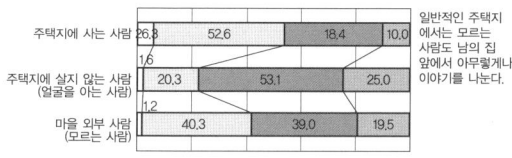

□ 자주 사용한다   □ 가끔 사용한다   ■ 그다지 사용하지 않는다   ■ 전혀 사용하지 않는다

그림 1-7. 자택의 앞길을 사람들이 서서 이야기하는 데 사용하고 있는가?
2000년 2월에 호프타운 가리바다이, 마이코트 미카타다이 I・II, 스즈카케다이, 나지오 뉴타운 히가시야마다이와 비교하기 위해, 주변 주택지 중 약 600채의 거주자를 대상으로 설문조사를 한 결과.

집 앞길에서 낯선 사람들이 이야기하는 것은 보통의 길에 비해 그다지 보이지 않는다.

일반적인 주택지의 길에서는 이웃 사람, 이웃은 아니지만 알고 있는 사람, 전혀 모르는 사람, 누구든지 평등하게 길에서 이야기를 한다. 그런데 이렇게 일부러 만들어놓은 길에서는 '낯선 사람'은 이야기를 할 수가 없다. 분명하게, 남의 영역이라는 것을 느끼기 때문이다.

그리고 이런 길이 있는 모든 주택지에서는, 길에 있는 나무를 손질하는 등 '관리를 하면서 이웃과 사귄다'고 대답한다.

'통일된 아름다운 거리가 된다', '손님용의 주차공간으로 사용할 수 있다' 고 하는 목소리도 들린다.

이렇게 해서, 막다른, 구불구불한, 조금 좁은, 아름다운, 나무와 벤치가 있는 길은 살고 있는 사람들이 쾌적하게 느끼고 안심하는 길을 실현하고 있는 것이다.

도로가 만드는 커뮤니티

살고 있는 사람들은 별로 의식하고 있지 않지만, 이와 같은 길을 만들고자 하는 노력은 커뮤니티의 형태와 질을 바꾸어버린다.

'막다른, 구불구불한, 조금 좁은, 아름다운, 나무와 벤치가 있는 길'. 이름이 좀 길다. 막다른 길이라는 것을 대표로 해서, '막다른 길'이라고 부르도록 하자.

막다른 길은 여느 길과는 다르게 사용되고 있다. 여느 길은 기껏해야 사람들이 세차를 하거나, 손님 차를 세워놓는 정도로밖에 사용되고 있지 않다. 그렇지만, 막다른 길에서는 진짜로 아이들이 뛰어놀고, 사람들이 서서 이야기를 나누거나 수다를 떨고, 가끔은 길 끝쪽에 사람들이 모여서 고기를 구워먹고 있다. 이렇게 길을 둘러싸고 이웃 커뮤니티가 자라고 있다. 길을 이렇게 저렇게 사용하면서 이웃과 서로 사귀어 가며 친해진다. 얼굴을 맞대는 기회, 이야기하는 기회가 늘기 때문이다.

막다른 길은 그곳에 살지 않는 사람에게는 들어가기 어렵다. 조심스럽게 들어서게 된다. 그리고 살고 있는 사람에게는 기분을 좋게 해준다. 이 길은 '우리 길'이며, 이 길을 토대로 해서 우리의 영역, 영역의식이 형성되고 있다.

이런 의식은 일반적인 단독주택지에서는 잘 형성되지 않는다. 어렴풋하게 나타나는 정도다. 그런데 막다른 길 형태의 도로가 있는 곳에서는 어렴풋하게 퍼져나가는 것이 아니다. 거기에는 명확하게 하나의 팀 의식이 만들어진다. 이것이 여러 개가 생기고 생겨서 그리고 서로 영향을 주면서 영역의식이 공유되어 '우리 의식', 우리의 영역의식을 더욱 높이고 있다.

이 영역에 무단으로 들어온 사람은 '무슨 일이십니까?' 라는 엄격한 단속을 받게 된다. 이렇게 해서, 사람들은 방범성 높은 주거환경을 만들어내고 있다그림 1-8.

막다른 길은 멋지다

막다른 길이라는 것은 어느 특정한 이용자를 한정하는, 즉 한정형의 지역공간이다. 왜, 막다른 길이 생겨났을까? 그것은 누구든지 자기가 사용할 수 있는 토지를 넓히고 싶어하기 때문이다. 한 부동산 업자가 저택이 있는 480㎡의 토지를 구입하였다. 이 부동산업자는 주택 세 채를 지어서 팔 생각이다. 당연히 이 토지 전부를 팔고 싶어 한다. 도로 같은 것을 넉넉하게 하면 팔 수 있는 토지가 줄어들어 버린다. 가능한 한 넓은 토지를 팔고 싶다. 그렇다

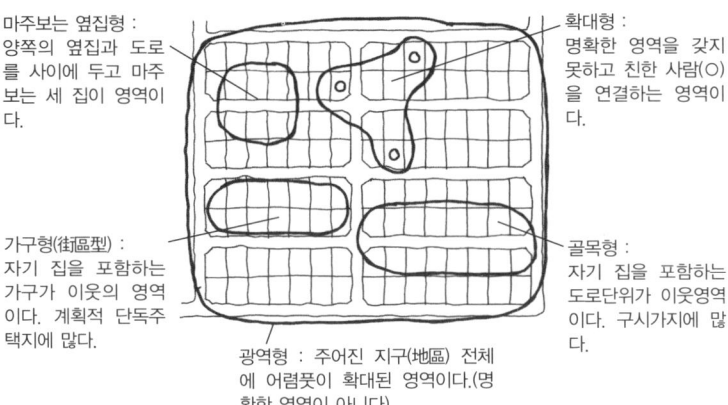

그림 1-8. 단독주택지의 이웃영역 유형
거주자가 지도에 '이웃이라고 생각하는 범위'를 그린 것이다. 본문에서 이야기한 주민을 위한 도로가 있는 주택지, 예를 들어 막다른 길을 만들면 사람들은 막다른 골목을 핵으로 해서 이웃영역을 그린다(그림에서의 골목형). 즉, 길이 커뮤니티 형성의 핵이 되고 있다. 또한, 길을 만드는 방법과 생활모습도 중요하다. 어떤 주택지에서는 길을 중심으로 양쪽의 주택 등을 포함한 하나의 반(班)을 만들어, 그것을 쓰레기를 내어 놓는 단위, 회람판을 돌리는 단위로 하고 있다. 그러면 거의 모든 주민이 길 양측의 단위를 이웃영역이라고 인식하게 된다. 명확하게 이웃 영역이 형성되면서 우리 영역이라는 의식이 생기고 그것은 곧 '우리 장소'가 된다.

면 막다른 길을 만들자그림 1-9 원쪽. 혹은 각 부지가 도로에 딱 2m씩만 접하게 하자. 이 정도면 괜찮다그림 1-9 가운데. 이렇게 해서 만들어진 전혀 여유가 없는 환경 때문에, 보통 막다른 길 끝에 있는 주택에 대한 평가는 낮다.

그러나, 막다른 길을 잘 이용한다면, 앞에서 본 것과 같은 경제적으로 효율적인 주택지, 그리고 커뮤니티 촉진형의 주택지를 만

보는 눈을 바꾸면, 이런 풍요로운 생활이 있다   63

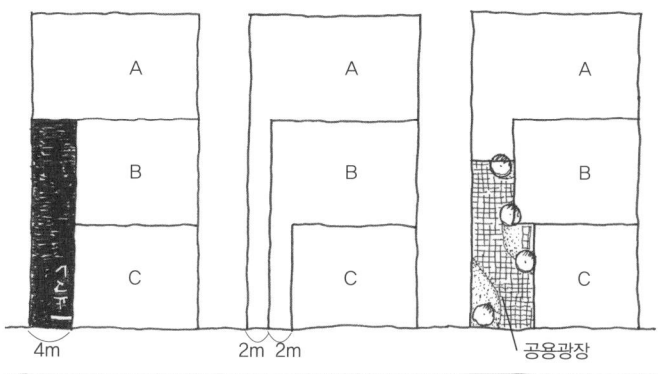

그림 1-9. 실제로 막다른 길을 만드는 방법
왼쪽 : 폭 4m의 도로를 만든다.
가운데 : 각 부지는 2m씩 도로에 접할 수 있도록 깃발모양의 부지가 된다.
오른쪽 : 공용광장을 만들어 A, B, C가 공동으로 사용할 수 있도록 한다. 건축기준법의 규정(※)을 만족시키기 위해 모든 부지가 도로에 5m씩 접할 수 있도록 코몬 광장에 가상으로 필지경계선을 긋는다(가운데의 그림처럼). 혹은, 주변에 넓은 공터가 있는 경우에는 건축기준법 43조의 단서규정을 적용하여 공용광장을 법 상의 광장으로 인정받는다. 공용광장에 벤치를 놓거나 나무를 심고, 돌, 블록 등으로 도로를 포장하여 정원처럼 사용한다.
※ 각 부지는 폭 4m 이상의 도로에 2m 이상 접할 필요가 있다.

들 수 있다그림 1-9 오른쪽. 게다가 사람들의 의식이 높은, 안전성이 높은, 양호한 주거환경도 형성된다. 따라서 항상 막다른 길이 값싼 주택지를 만드는 것이 아니다.

막다른 길은 멋지다. 그렇지만, 막다른 길이 다 멋있는 것은 아니다. 사실, 막다른 길 자체가 멋있는 것이 아니라, 그 도로 형태가 낳는 사람들의 이용, 바로 거기에서 촉발되어 새로운 가치가 만들어지기 때문이다. 그래서 멋있는 것이다.

  자, 우리 자신을 위해서 집 앞의 길을 되찾자. 네덜란드에서는 집 앞의 길은 본엘프woonerf 도로로 되어 있다. 본엘프란, 네덜란드 말로 '생활 정원'이라는 의미다. 일본에서도 이런 발상은 신규개발에서만이 아니라 이미 기성시가지에서도 도입되어 사용되고 있다. 막다른 길에 접한 집의 가치가 낮다는 것은 옛날 이야기다. 적극적으로 매력적인 막다른 길을 만들자. 그렇게 하면, 틀림없이 씩씩한 아이들도 건강한 어른들도 등장할 것이다.

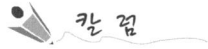

커뮤니티란?

커뮤니티라고 하면

　커뮤니티community의 개념은 1917년에 멕키버R. M. MacIver에 의해 정의된 이래, '지역성'과 '공동성'을 중심으로 해서 다양하게 설명되고 있다. 일본에서 자주 사용되는 커뮤니티의 정의로는 1969년 국민생활심의회 조사부 회의의 답신 '커뮤니티 – 장소의 인간성 회복'에서의 정의가 있다. 답신에서는 '생활이 이루어지는 공간에서 사는 시민으로서, 자주성과 책임을 자각한 개인 및 가정을 구성하는 주체로서, '지역성'과 '각종 공통목표'를 가진 개방적이면서도 구성원 상호 간에 신뢰감이 있는 집단'이라고 정의하였다. 그리고 이후에는 '지역사회라고 하는 생활공간에서 사는 시민으로서의 자주성과 권리와 책임을 자각한 주민이 지역에 대한 같은 감정과 목표를 가지고 같은 행동을 취하려고 하는, 그 태도에서 보이는 것' 지방자치제도연구회, 1973이라고 정의하기도 했다[1].

　이와 같이, 커뮤니티는 '지역성'과 '공동성'을 기본으로 해서, 공동성으로서의 '공통의 감정(공동체 감정)', '공통의 목표', '공통의 행동'을 포함하는 것이다.

　그런데, 최근 들어 모두가 사이 좋게 생활하는 융합을 중시하는 면이 강조되고 문제해결의 기능은 희박해지고 있다[2]. 또한, 커뮤니티가 본래 가지고 있던 공통의 개념으로서는 '공동성' 안의 '공통의 감정'만이 중요하게 취급되고, '문제해결 기능 및 자율성'이 경시되는 경향을 보이고 있다.

주택지에 필요한 세 가지 커뮤니티

주택지에서 필요한 커뮤니티는 무엇일까? 나는 사람들이 안심하고 살아가기 위해서는 세 가지 커뮤니티가 필요하다고 생각한다.

① 얼굴을 아는 커뮤니티

첫번째로는, 이웃끼리 서로 누가 살고 있는지 인지하는 커뮤니티(인지적 커뮤니티)가 필요하다. 지역생활에서 방범이나 방재를 생각하면, 최소한 서로 얼굴을 아는 것이 필요하다. 예를 들어, 재해 직후의 인명구조와 안부확인, 방범활동에서는 사람들이 서로의 얼굴을 알고 있는 것, 또는 어느 집에 어떤 사람이 살고 있는지 알고 있는 것이 중요한 역할을 한다.

특히, 아파트와 같이, 이웃과 옆이나 위아래로 붙어 있는 건물에서는 위아래 층이나 옆집 간의 소음문제가 심각하다. '소리에도 얼굴이 있다'고 하듯이, 얼굴을 알고 있는 이웃의 소음은 받아들일 수 있는 범위가 넓어진다. 가능한 한 문제가 일어나는 것을 회피하기 위해서는 거주자 간에 서로 용서할 수 있는 역량을 키울 필요가 있다. 그러기 위해서 거주지에서는 기본적으로 서로 얼굴

칼럼

을 아는 커뮤니티가 필요하다.

② 서로 돕는 커뮤니티

두번째는, 거주자들이 서로 도우며 보다 거주성 높은 생활을 실현하는 커뮤니티(상호부조적 커뮤니티)가 필요하다. 예를 들면, '고민을 들어주는', '병이 났을 때 식사 준비를 해주는', '장보는 것을 대신 해주는', '가구 옮기는 것을 도와주는' 것 등이 있다. 그런데 거주자들 중에는, 이런 이웃을 바라는 사람도 있겠지만 그렇지 않은 사람도 있을 수 있다. 그런 의미에서 보면 선택성 있는 커뮤니티도 생각할 수 있다. 그러나 예를 들어, 재해 시에 정전과 단수가 된 주택지에서 '전기가 끊겼다', '물이 끊겼다', '그 집에는 할머니가 혼자 사시니까 물을 혼자서 나를 수 없을 거야. 대신 물을 가져다 드리자' 등의 도움은, 바로 이웃만이 할 수 있는 것이며, 시장市場이나 행정의 서비스에는 기대할 수 없는 것이다.

그 때문에, 일상적으로는 선택할 수 있는 커뮤니티라고 해도 설마 또는 만일의 경우에는 비선택성이 강해지고, 이 부분이 보장되어 있기 때문에 평소에도 안심하고 생활할 수 있게 된다.

③ 공동관리의 커뮤니티

세번째로는, 거주자, 소유자가 공동으로 관리하는 커뮤니티, 주택지를 보다 좋게 만드는 커뮤니티가 있다. 아파트에서는 일상적으로 소유자 전원이 관리조합을 만들어서, 규칙을 만들고 주거환경을 관리하고 있다. 대규모 수선을 하거나 혹은 애완동물로 인한 문제가 일어나지 않도록, 애완동물 사육을 위한 규칙을 만드는 일 등을 한다. 이런 활동이 발전해서, 월 1회 고령자를 위한 식사모임을 열거나 그 외의 자원봉사활동으로 발전하고 있는 예도 있다.

또한, 일상적인 이런 활동은 재해 시에도 커다란 힘을 발휘한다.

예들 들어서, 한신·아와지 대지진阪神·淡路大震災에서는 많은 아파트가 피해를 입었다. 당시에는 아파트 개축에 관한 법의 해석이 명확하지 않았으며, 행정과 전문가의 지원태세도 정비되어 있지 않는 등, 많은 문제가 있었다.

하루하루 불안한 생활을 보내면서도, 부흥의 방침을 정하여 피해를 입은 아파트를 5년 동안 100동 이상의 아파트로 다시 지었다. 이 부흥속도는 단독주택보다도 빨랐다고 한다. 아파트의 부흥속도가 빨랐던 것은, 관리조합이라고 하는 소유자를 잇는 조직이 있어서 평소에 소유자 전원의 의사를 조사하고 소유자 전원참가에 의해 의사결정을 하기 위한 체제와 규칙, 공동관리 커뮤니티를 형성하고 있었기 때문이었다.

이런 것은 아파트의 경우만이 아니다. 단독주택지에서도 일상적으로 이루어지고 있는 것으로, 재해 시에 구급차나 소방차가 신속하게 달릴 수 있도록 불법 노상주차를 하지 않도록 하는 계발활동 등이 있다. 이와 같은 활동도 커뮤니티다. 즉, 주택지를 좋게 만들고자 하는 공동활동이 공동관리 커뮤니티인 것이다.

세 가지 커뮤니티

　세 가지 커뮤니티는 결코 독립되어 있는 것이 아니다. 얼굴을 아는 커뮤니티는 서로 돕는 커뮤니티로 발전한다. 아파트에서도 단독주택지에서도 똑같다. 그리고 아파트의 관리조합 사람들이 모이는 경우처럼, 공동관리 커뮤니티가 얼굴을 아는 커뮤니티를 만들어내고, 서로 마음이 맞아서 서로 돕는 커뮤니티로 발전하는 경우도 많이 있다. 그러나 일반적으로는 얼굴을 아는 커뮤니티가 서로 돕는 커뮤니티로, 나아가 공동관리 커뮤니티로도 발전하는, 점점 높은 차원의 커뮤니티로 발전하는 구조를 가지고 있다. 그런 이유에서 우선 얼굴을 아는 것, 즉 길을 둘러싸고 얼굴을 아는 사람을 만드는 것, 영역의식을 만드는 것은 커다란 의미가 있다그림 1-10

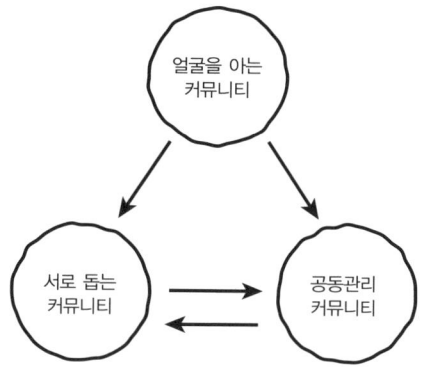

그림 1-10. 커뮤니티 형성의 순환

1) 松原治郎「コミュニティの今日的意義」『現代のエスプリ』제6호, 1973년.
2) 倉澤進『大都市の共同生活』日本評論社, 1990년.

〈참고문헌〉
- 주택지를 만드는 방법을 알고 싶은 사람을 위해서.
  齊藤廣子・中城康彦『コモンでつくる住まい・まち・ひと』彰國社, 2004년.
  住宅生産振興財團『日本のコモンとボンエルフ』日本經濟新聞社, 2002년.
- 집 주변지역의 조사방법이나 다른 주택지의 결과를 알고 싶은 사람을 위해서.
  小林秀樹『集住のなわばり學』彰國社, 1992년.
  본문에서의 조사결과는 상기의 조사방법을 참고로 하여서 전국의 단독주택지 10군데를 조사한 것이다.

2. 작지만, 다양하게 이용할 수 있는 정원

정원은 뭐 하는 곳일까?

30년도 더 전에 유행했던 노래 중에 '만약에 내가 집을 지었다면, 조그만 집을 지었을 거에요……' 곡명: あなた, 작사: 고사카(小坂明子)라는 가사의 노래가 있다. 그리고 '집 밖에는 아가가 놀고 있어요. 아가 옆에는 당신 당신 당신이 있어 주세요' 하고 이어진다. 비록 작은 집이지만 역시 아이와 가족들이 놀 수 있는 정원이 있으면 좋겠다는 내용이다. 그리고 '새빨간 장미와 하얀 팬지'가 등장한다. 집 안인지 정원인지 확실하지는 않지만, 나에게는 정원의 풍경으로 보인다.

이 노래에서는 정원에 대한 이야기가 이 정도 등장한다. 그런데, 원래 정원은 무엇을 위해서 있는 것일까? 그리고 무엇을 하는 곳일까?

새빨간 장미와 하얀 팬지를 심고, 혹은 아기자기한 정원을 만들어놓고 바라보는 곳이다. 빨래를 널고, 휴일에 집수리나 취미생활을 하는 곳이다. 채소를 기르는 텃밭이다. 아이가 놀고, 모여서 바비큐 파티를 즐기는 곳이다. 햇빛이 잘 들고 바람이 잘 통하도록 이웃과의 거리를 두기 위한 곳이다. 길에서 들여다보이지 않고 직접 소음이 들어오지 않도록 하는 곳이다.

이런 등등의 대답들이 돌아온다. 그런데, 부지 중에서 주택이 지어져 있지 않은 곳을 정원이라고 한다면, 실제로 대부분의 집에서는 정원을 주로 '주차장'으로 쓰고 있는 거 아닌가.

주차공간 말고는 어떻게 사용하고 있는 것일까? 그림 2-1

절반 이상이 '물건을 놓는다', '식물을 기른다', '세탁물을 넌다' 등의 용도로 쓰고 있었다. 이런 집들은 230~330㎡ $^{70\sim100평}$ 정도의 집들인데, '아이들이 논다'의 경우는 많지 않다. 이런 용도라면, '기본적으로 이웃이나 도로와의 관계가 잘 유지된다고만 하면 각 집의 정원은 그리 크지 않아도 괜찮지 않나?' 하는 생각이 든다. 특히, 도시의 주택에서는 그럴 것 같다.

작지만, 다양하게 이용할 수 있는 정원

'작지만, 큰 이용'이 모순된 듯한 2개의 요구를 동시에 실현하기 위해서는 정원을 3단계로 구성하면 좋다. 바로 '내 집의 정원', '우리 정원', '누구든지 사용할 수 있는 정원'이다. 보통 단독주택지에서는 '내 집의 정원'과 '누구든지 사용할 수 있는 정원'의 2단계로 구성된다. 전자가 각 집의 정원이고 후자가 공원이다.

여기서 3단계 구성을 생각해 보자. 즉, '우리 정원'을 만드는 것이다.

보는 눈을 바꾸면, 풍요로운 생활이 보인다

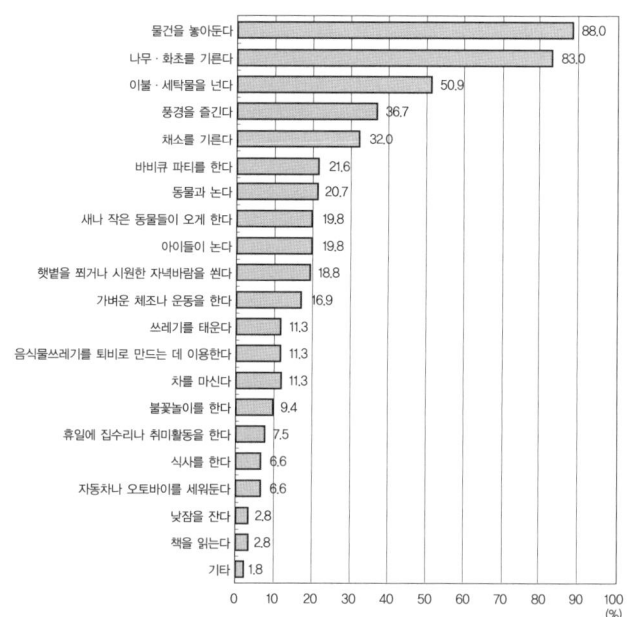

그림 2-1. 정원을 어떻게 사용하고 있는가?
1997년 나라 시(奈良市)의 단독주택지 주택 215채를 대상으로 조사한 결과.

 본래 각 부지 안에 마련해야 할 주차공간을 하나로 모은다. 이렇게 주차장을 모아서 만든 공간은 부모가 차를 타고 나간 뒤에는 아이들의 놀이터가 된다. 주차공간이 흩어져 있지 않고 모여있기 때문에, 아이들이 놀 수 있는 별도의 공간으로 이용할 수 있게 된다. 이런 공간의 경우, '하루'라고 하는 시간을 잘 이용해서 한 장소에서 별도의 이용이 이루어질 수 있도록 한 것이다그림 2-2.

차를 세워두었을 때

차가 없을 때에는 아이들이 논다.

그림 2-2. 주차장 겸 광장

이치하라 녹원도시(いちはら綠園都市). 각 집의 주차공간을 한곳에 모아서 작은 광장을 만들었다.

더 나아가 10년, 20년의 '년' 단위의 시간도 있다. 길게 보면, 각각의 집에 항상 두세 대 분의 주차공간이 필요할 이유는 없다. 아이들이 20살이 되고 나서 한 5년 정도만 차를 한 대 더 두고 싶은 것이다. 그렇다고 정원을 없애고 차 두 대 분의 주차장을 만들어 버린다면, 정원의 대부분은 주차장이 되고 만다.

그래서, 각 부지 안에 한 대 분의 주차공간만 확보하고, 두 대째는 공동주차장으로 만들어 필요한 사람이 필요할 때 이용한다. 그렇게 해서 한정되어 있는 각 부지의 옥외공간이 다 주차장이 되는 것을 막는 것이다. 년 단위의 시간을 잘 이용하여, 한 장소를 여러 사람이 이용할 수 있게 한다.

주차장 말고 조그만 광장도 가능하다. 불특정 다수의 이용을 전제로 하는, 누구든지 들어올 수 있는 공원이 아니라 집으로 둘러싸여 있는 곳에 작은 광장 같은 것을 만들 수 있다. 공원과 같이 넓은 도로에 둘러싸여 있는 것이 아니라, 작은 입구로 들어가면 광장에 도착하게 된다. 광장은 주변 거주자밖에는 이용하지 않으며, 거주자가 아니면 그 광장에 들어가기도, 사용하기도 어렵도록 만들어져 있다.

200㎡의 각 부지에서 30㎡씩을 모은다면, 다섯 집에 150㎡의 정원을 만들 수 있다. 배치를 잘 한다면 각자 사용할 수 있는 정원도 넓어지고 모두의 정원이 생기게 되며, 그것을 모두가 함께 사용함으로써 커뮤니티도 자란다. 각각의 집은 200 - 30 + 150㎡를 사용할 수 있게 되어, 30을 줄여서 150을 얻는 것이 된다. 이렇게 해서 모든 집의 정원이 넓어지고 주택지 전체의 효용이 커진다. '작지만 커다란 이용'을 얻을 수 있다.

실제로 찾아가 보자

수도권首都圈 지바 현千葉縣에 있는 오유미노おゆみ野와 이치하라 市原에는, 내가 '5호 1코몬common' 이라고 부르는 단독주택지가 있다. 이곳엔 도로에 접해 있는 아주 작은 광장이 있다. 여기에서는 아이들이 줄넘기를 하면서 놀고 있다. 나뭇가지를 다듬고 있는 사람도 있다. 아마 주차장 광장인 것 같다. 각 집의 주차공간을 여기

보는 눈을 바꾸면, 풍요로운 생활이 보인다

약 330m²(100평)의 광장에 세 대 분의 주차공간이 있다.(그린테라스 시로야마)

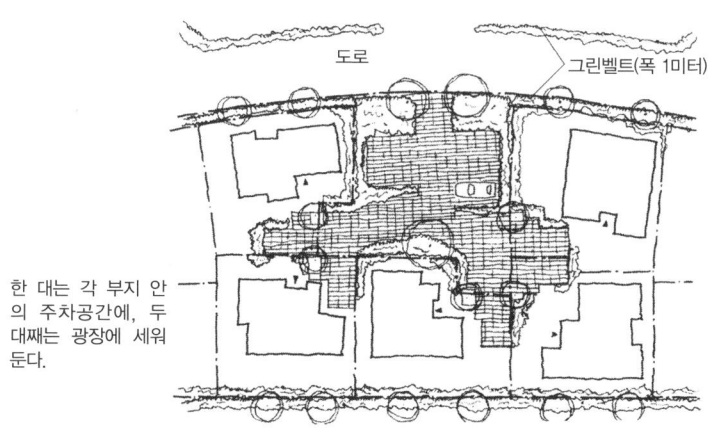

한 대는 각 부지 안의 주차공간에, 두 대째는 광장에 세워둔다.

그림 2-3. 그린테라스 시로야마의 주차장 겸 광장

에 모아두었다. 사람들은 도로에서 이 광장을 지나 각자의 집으로 들어간다. 광장은 주택 한 개 정도의 넓이다.

비슷한 기능을 가지고 있지만, 좀더 여유 있는 광장이 있는 주택지가 있다. 중부권中部圈 아이치 현愛知縣의 '그린테라스 시로야마グリーンテラス城山' 다그림 2-3. 역시 도로에서 직접 집으로 들어갈 수 없다. 광장을 지나서 들어가게 되어있다. 광장 입구에는 각 집의 위치가 표시되어 있는 간판이 세워져 있다. 나무와 풀로 둘러싸인 이 광장을 지나서 각각의 집으로 들어간다. 차 한 대 분은 각 집의 부지 안에, 두 대째는 이 공간에 두도록 만들어 놓았다. 거주자들이 서서 이야기를 하거나, 아이들이 노는 장소가 되기도 한다.

이 광장에는 여러 가지 기능이 있다. 첫번째는, 광장을 둘러싸고 있는 다섯 채의 주택에 접근하기 위한 장소로서의 기능이다. 도로와 이웃집과의 완충기능이다. 두번째는, 두 대째의 주차공간으로서의 기능이다. 각 부지 안에 한 대 분의 주차장을 확보하고 있지만, 두 대째를 위한 주차장이 필요한 경우에는 광장의 주차장을 이용한다. 공동이용 기능이다. 세번째는, 광장에 꽃이나 나무를 심어 녹지가 풍부한 경관을 만들어내는, 경관향상 기능이다. 네번째는, 광장을 주택지 전체의 공유로 하여, 주차장 경영을 하는 것이다. 광장 주차장을 유로로 이용하도록 해서 그 수입을 주택지 관리비용에 충당하는, 주택지 경영의 방법이다.

광장의 넓이는 약 330m²이다. 역시 이 정도면 여유가 느껴진다.

보는 눈을 바꾸면, 풍요로운 생활이 보인다

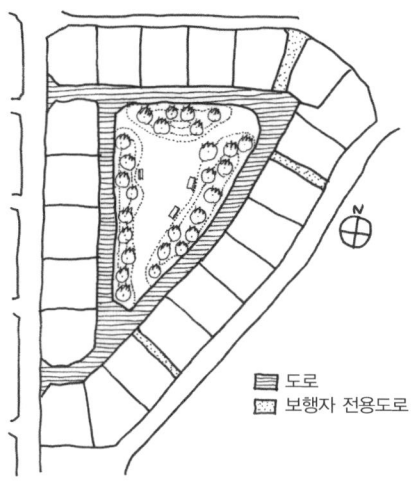

그림 2-4. 아르카디아 21. 주변의 집들로부터 토지를 모아서 광장을 만들고 있다.

만세를 부르고 싶게 만드는 녹지(아르카디아 21)

관서권關西圈에도 아주 매력적인 단독주택지가 있다. 바로 미타 뉴타운三田ニュータウン의 '아르카디아 21アルカディア21'이다. 멋진 광장을 가지고 있는 주택지로그림 2-4, 삼각형 모양의 토지에 그 바깥쪽을 따라서 21채의 집이 자리잡고 있다. 그 중앙에 2,800㎡의 커다란 광장이 있다. 물론, 이 광장에 차는 들어갈 수 없다. 지형 자체가 가지고 있는 부드러운 기복과 커다랗게 자란 수목이 있다. 왠지, 만세를 부르고 싶어지고, 달리고 싶어진다. 정말로 넉넉하고 풍요로워 보이는 광장이다.

살고 있는 사람들은 어떻게 생각하고 있나?
 살고 있는 사람들은 주차장을 모아서 만든 주차장 겸용 광장을 어떻게 생각하고 있을까?
 언제 가봐도 아이들이 놀고 있다. '안녕하세요?'라고 인사를 하는 것이 아주 씩씩하다. 광장에는 기본적으로 볼 일이 없는 사람은 들어오지 않기 때문인지, 아이들은 경계하지 않는다. 가끔은 개인적으로 짐을 놔두는 경우도 볼 수 있지만, 기본적으로는 나무와 잔디의 손질이 잘 되어 있다. 역시, 적은 수의 집들로 둘러싸여 있는 광장이 관리가 잘 된다.
 아이들이 놀고, 엄마들이 이야기를 나누는, 그리고 꽃구경과 바비큐 파티를 하기도 한다그림 2-5. 역시, 차가 들어오지 않는 광장에서는 아이들도 신나게 뛰논다.

보는 눈을 바꾸면, 풍요로운 생활이 보인다

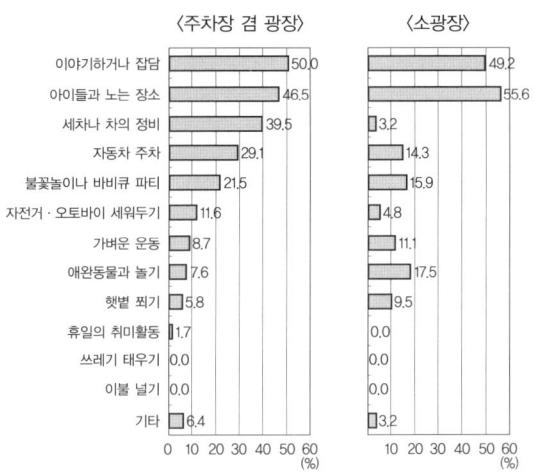

그림 2-5. 모두의 광장은 이런 식으로 사용되고 있다.
1996년 수도권·중부권의 단독주택지 10곳에 있는 주택 800채를 대상으로 조사한 결과다. 그 후에 조사한 주택지에서도 같은 경향을 볼 수 있다.

광장이 만드는 커뮤니티

　이와 같은 광장은 토지를 효과적으로 사용한다고 하는 의미에서 분명히 효율적이기는 하지만, 그것이 전부는 아니다. 사람들을 자연스럽게 이어주는 역할도 하고 있다.

　'그린테라스'에 다시 한번 가보자. 90%의 거주자가 '이 광장이 있는 덕에 아름다운 경관과 좋은 주거환경을 만들 수 있다'고 느끼고 있다. 약 반 정도의 사람들은 광장을 아이들의 놀이터나 이야기를 하는 장소로 이용하고 있으며, 약 4분의 1 정도는 이 광장에서 꽃구경과 바비큐 파티를 하고 있다.

똑같은 주차장 겸 광장이지만, 그린테라스만큼 여유가 있지 않은 '오유미노'에서는 사람들이 주로 세차를 하고 있다. 그래도 아이들이 뛰놀고 어른들이 서서 이야기를 나누는 풍경은 볼 수 있다.

사람들은 광장을 지날 때마다 서로 만나게 되고 서로 말을 건다. 서로를 잘 알기 때문에 낯선 사람이 들어오기 힘든 동네가 되었다. 이렇게 광장을 모두가 함께 이용함으로써, 사람들이 사귀는 모습도 변하고 있다. 광장을 많이 이용할수록 이웃과의 관계가 좋아진다그림 2-6.

광장의 관리가 만드는 커뮤니티

그런데, 자기 집 앞길을 매일 청소하는 사람은 어느 정도 있을까? '공공 공간이니까 행정이 하는 일이지!', '아파트 부지 안이니까 관리회사가 해야지!'가 정착되어, 주변 주거환경을 습관처럼 일상적으로 돌보는 사람들은 적어진 것 같다.

오늘 아침에 집 앞을 청소한 나는 지금 가슴을 펴고 어깨에 힘을 주고 글을 쓰고 있다. 대학교수인 내 친구는 매일 집 앞을 청소한다고 한다. 당연한 듯한 얼굴을 하고 이야기하는 그를 보고 솔직히 좀 놀랐다. 그리고 보면, 집 바로 앞길 조차에도 애착이 없고, 청소를 하는 사람도 적어진 것 같은 생각이 든다.

보는 눈을 바꾸면, 풍요로운 생활이 보인다

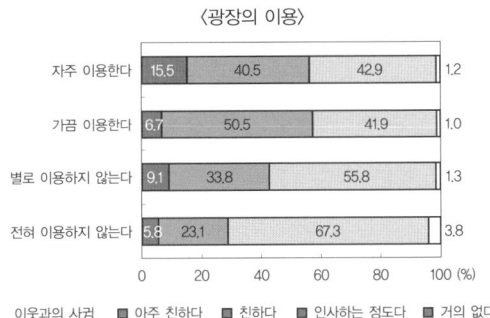

그림 2-6. 모두의 광장이 있으면 서로 친해질 수 있다.
1996, 1997년 수도권·중부권의 주차장 겸 광장이 있는 단독주택지 4곳의 주택 345채를 대상으로 조사한 결과.

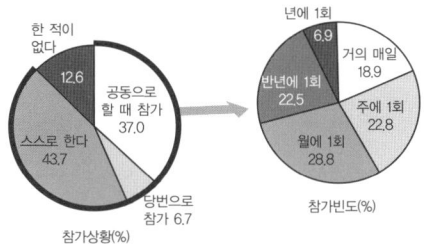

그림 2-7. 뉴타운에서는 집 앞길을 스스로 청소하는 사람이 단 40%였다.
2001년 11월 요코하마 시의 단독주택지에서 주택 417채를 대상으로 조사한 결과.

그래서, 요코하마 시橫浜市에 있는 뉴타운의 단독주택지에서 '당신은 집 앞길을 어느 정도 청소하고 있습니까?'라고 물어보았다. 그 결과, 한 달에 한 번이나 반년에 몇 번 하게 되는 공동청소 말고, '스스로 청소하고 있다'고 한 사람은 약 40%였다. 그 중에서 '거의 매일 한다'고 한 사람은 약 20%, 즉 전체의 약 10%만이 '거의 매일 집 앞의 길을 청소한다'고 하는 이야기가 된다. 내 동료는 기특한 사람이었던 것이다그림 2-7.

이렇게 되어버린 것을 두고, 행정 서비스의 질이 향상된 것이라고 할 수도 있겠지만, 한편으로는 '우리의 장소는 우리가 관리한다'고 하는 의식이 저하된 결과라고도 할 수 있다. 기본적으로 '우리 장소'가 없어졌기 때문이다. 사람이 살고 있는 곳, 우리 주변의 공간이 우리 장소라고 한다면, 우리 스스로가 쾌적하게 만들고자 하는 것은 자연스러운 행위다.

좀전에 본 단독주택지의 주차장 겸 광장과 같이 '우리 장소'인 '모두의 정원'을 만들면 사람들의 태도가 어떻게 변할까? 80%의 사람들이 스스로 그곳을 청소하게 된다. 분명히, 매일 청소하는 사람은 10% 정도밖에 없다. 따라서 앞에서 본 예와 빈도는 그다지 변하지 않을지도 모르겠지만, 커다란 차이는 반 강제적인 공동청소에 참가하는 것이 아니라, 모두의 장소를 만들면 거주자가 자발적으로 하는 청소활동이 생기게 된다는 것이다그림 2-8.

그리고 이런 행위에 의해 거주자의 커뮤니티가 한층 더 변하

보는 눈을 바꾸면, 풍요로운 생활이 보인다   85

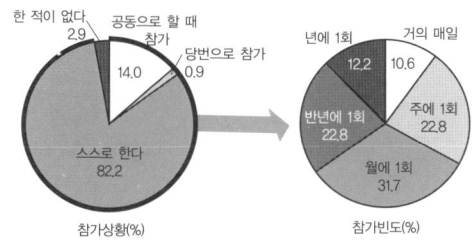

그림 2-8. 모두의 광장을 스스로 청소하는 사람이 80%씩이나 된다.
1997년 지바 현의 주차장 겸 광장이 있는 단독주택지의 주택 170채를 대상으로 조사한 결과.

게 된다. 서로의 얼굴을 익히고 이야기를 나누며, 그것을 계기로 더욱 친해 진다. 이것은 우리 공간을 관리할 때, 예를 들면 광장에 있는 나무를 손질하면서 이루어진다. 보통, 광장에는 나무가 심어져 있다. 몇 그루 안되어서 크게 힘든 관리는 아니지만, 그것을 모두의 공동화제로 삼아 함께 관리함으로써 서로의 얼굴을 익힌다든지, 이야기를 나눈다든지 하면서 서로 친해지고 사이가 좋아진다.

　나무를 손질하거나 길을 청소하는 등의 활동을 통해서 이웃과의 관계가 바뀌고 서로 친해지는 경향을 볼 수 있다그림 2-9. '우리 장소'는 커뮤니티 형성의 계기가 되기도 한다. '우리 장소'를 만듦으로써 커뮤니티를 변화시킬 수 있고, 그곳을 공동으로 사용하고 관리하면서 커뮤니티는 한층 더 변화해 간다.

광장의 화단을 손질하면서 커뮤니티를 키운다. 그리고 친구가 생긴다.

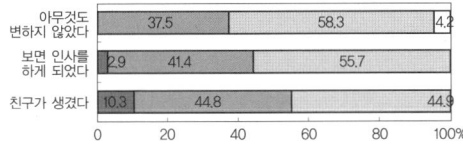

그림 2-9. 함께 광장의 나무를 손질하면서 친구가 된다.
1996, 1997년, 아이치 현·지바 현의 주차장 겸 광장이 있는 단독주택지의 주택 345채를 대상으로 조사한 결과.

'우리 장소'는 점점 넓어진다 – 그러니까, 정원은 좁아도 괜찮아

 사람은 살아가면서 자기의 취향이나 편리함에 맞추어 주택을 증축하고 개축한다. 주차장도 마찬가지다. 가끔은 물건을 쌓아 두기도 하고, 지붕을 덮어서 창고를 만들기도 한다. 본인에게는 나쁜 마음이 없어도, 아니 나쁜 마음이 있든 없든, 그것이 동네 경관에 나쁜 영향을 미치는 경우가 있다그림 2-10.

 그게 재미있는 것이, '우리 장소'를 가지고 있는 사람들에게는 주위에 폐를 끼치는 태도, 즉 동네에 나쁜 영향을 미치는 태도가 그리 많지 않다는 것이다.

 동네의 경관에 나쁜 영향을 미치고 있는 행위를 목록으로 만들어서, 전국의 3,000채 정도의 주택을 하나하나 체크해 보았다. 그 결과, '우리 장소'가 있고 커뮤니티가 형성되어 있으면, 경관에 나쁜 영향을 미치는 행위가 줄어드는 것을 알 수 있다그림 2-11.

블록담이 쳐져서, 집 안에서도 바깥에서도 서로 볼 수가 없다

도로를 압박하는 증축

물건을 쌓아두면 안 된다고는 할 수 없지만……

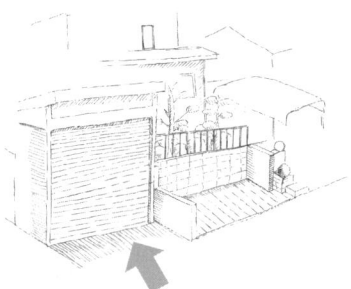

셔터로 차갑게 닫혀있는 차고

주위보다 튀어나오게 재건축된 3층 건물

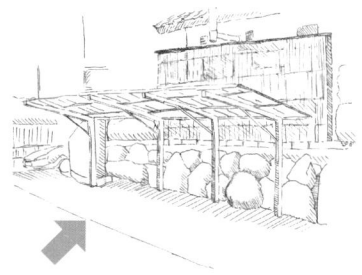

산울타리를 걷어내고 차고로 만들어버린 외관

그림 2-10. 경관에 나쁜 영향을 미치는 여러 가지 행위.

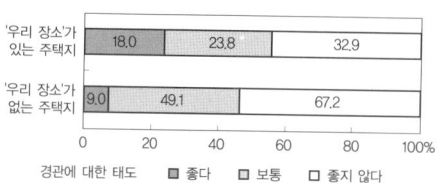

그림 2-11. '우리 장소'가 있으면 경관을 소중히 한다.
그림 2-10과 같은 조사 결과.

즉, 주위를 배려하여, 자기 집을 자기 마음대로 다시 짓거나 증축하거나 창고를 만드는 일이 적어진다고 하는 것이다. '우리 장소'를 가지고 있는 사람은 '우리 장소'를 소중하게 생각한다. 그런 생각이 '우리 장소'만이 아니라 각자의 집인 '내 장소'까지 확대된다. '내 장소'가 '우리 장소'로 확대된다.

그 때문에, '우리 장소'를 통해서 커뮤니티가 형성되어 있는 경우에는, 주거환경을 더욱 좋게 가꾸고자 주거환경을 위한 여러 가지 규칙을 만들고 모두가 공동관리를 하고 싶어하는 의향도 높아진다. 여기에는 '우리 장소'를 핵으로 하는 좋은 주거환경 만들기의 순환이 존재하고 있다.

마치, '우리 장소에서는 모두가 함께 청소하고 이야기하고 웃으며, 매일 매일이 즐겁다'고 하는 목소리가 들려오는 것만 같다.

3. 담이 없어도 안심되는 동네

도둑을 쫓는 방법 – 담을 만들지 않는다?

텔레비전 만화영화 '사자에 아줌마サザエさん'를 보면, 사자에 아줌마네 집 담은 높이가 한 1m 정도로 언제나 담 넘어 얼굴을 내밀고 이웃과 이야기를 나눈다. 순 목조주택, 현관과 담의 구조가 일본의 정감어린 풍경이다. 만화에 나오는 사자에 아줌마네 집은 1950, 60년대의 전형적인 일본 서민층의 집일 것이다.

한편, 미국의 청춘드라마 '비버리힐즈의 아이들'에 나오는 주인공, 쌍둥이 오빠와 동생, 브랜든과 브랜다가 사는 집은 사자에 아줌마네 집과는 달리, 널찍한 정원이 있고 옆집과의 사이에 담 같은 것이 없는 열린 외관이 아주 인상적이다.

사자에 아줌마네 집에서처럼 이웃들과 커뮤니케이션을 하면서 누가 살고 있는지 알고 있으면 서로 안심이 된다. 그러나 일본의 현대 도시주택에서는 서로 커뮤니케이션이 이루어지지 않고 있으며, 좁은 부지에 높은 담을 쌓아 놓고 있다.

밤에 길을 걷고 있는데, 누군가가 뒤에서 따라 온다. 무서워서 발걸음을 빨리 해도 계속 따라 온다. 계속 쫓아 온다. '아, 무서워!' 라고 생각하며 뒤를 돌아보면, 바로 옆집으로 들어 간다. '다녀 왔어!', '뭐야, 옆집 아저씨였던 거야?' 이런 이야기는 그리 드문 것도 아니다.

 그 길에 높은 담이 계속 이어져 있다면, '혹시 무슨 일이 생겨도 담 안쪽에서는 보이지 않기 때문에, 아무도 도와줄 수 없어!' 라는 생각이 들어서 한층 공포심이 더해진다. 담이 없으니까, 집 안에서도 보일 것이라는 생각이 걷는 사람을 안심시켜 준다.

 한편, '누군가가 보고 있다는 느낌'. 이런 느낌은 죄를 짓는 것을 망설이게 한다. 도둑이 들어가려고 하다가 관둔 이유로는, '동네 사람이 말을 걸어서' 가 가장 많다. 그럼, 담 없이 외관을 열어 놓는 것, 즉 열린 외관에 주목해 보자.

외관이 열린 동네를 찾아가 보자
 미국의 주택지를 보면 정원에 담이 없다. 일본에도 그것을 그대로 따라 한 워싱턴 마을, 시애틀 마을, 밴쿠버 마을 등이 있지만, 일본식으로 외관을 열어놓은 곳도 있다.

 예를 들어, 66m^2 20평 정도의 택지에 지어진 작은 집들이 모여 있는 주택지군을 보자. 주택하고 아주 좁은 정원밖에 만들 수 없다. 그 정원에 담을 두지 않고 정원이 이어지도록 만들면, 모두의 정원이 만들어지는 것이다. 건물의 **빽빽한** 느낌도 없어지고 여유가 느껴지면서 경관도 좋아진다.

미국 마을. 북미의 주택처럼 잔디를 심어 정원을 열어놓았다.

시애틀 마을. 전국에서 처음으로 수입주택으로 만든 동네로, 미국의 산딸나무와 잔디 등을 심었다.

보는 눈을 바꾸면, 풍요로운 생활이 보인다

담이 없다? 살고 있는 사람들은 뭐가 가장 걱정이 될까? 도둑이 들지는 않을까? 사실, 도둑은 들어가려고 마음만 먹는다면 어디든지 들어간다. 그래서 물리적으로 들어가기 어렵게 만드는 것이 아니라 심리적으로 들어가기 어렵도록 하는 것이, 담이 없는 열린 외관이다. 그럼, 실제로 외관을 터놓고 살고 있는 사람들에게 물어보자. 뭐가 불만이며 뭐에 만족하고 있는지.

내가 처음으로 만난 열린 외관의 주택지 '휴먼힐즈 히카리가오카ヒューマンヒルズ光が丘'에 들어가 보면, 마치 일본이 아닌 것 같은 기분이 든다. 대문과 담을 만들지 않고 도로에서 바로 정원으로 이어지도록 해 놓았는데, 지금까지의 일본 주택지와는 다른 매력이 느껴진다.

옛날 대부분이 농민, 농가였던 일본인에게는 정감 있게 느껴질지도 모르겠다. 휴먼힐즈 히카리가오카에 사는 사람들에게 외관의 개방에 대한 평가를 물어보면, '대문과 담을 두지 않고 도로로 개방되어 있는 열린 외관은 아름다운 경관이나 좋은 주거환경을 만드는 데 효과적이다'고 70% 이상의 사람들이 대답한다. 잠깐 비교를 위해서, 휴먼힐즈 히카리가오카 바로 옆의 세미 오픈 외관의 지구를 가보자. 여기는 대문은 없지만 산울타리를 만들어서 정원과 도로를 차단하는 장치를 만들어 놓았다. 그래서 '세미 오픈'이라고 이름붙였다. 이 지구에서는 평가가 약 절반 가까이 내려간다.

휴먼힐즈 히카리가오카. 대문도 담도 없는 개방적인 열린 외관.

그 옆의 주택지. 대문은 없지만 산울타리가 만들어져 있는 세미 오픈 외관.

'개방적이며 여유가 있다', '통일된 동네 경관을 만든다', '이웃 사람들을 만날 기회가 많아진다', '커뮤니티의 형성에 좋다' 고 하는 것이 외관의 개방에 대한 평가였다.

그러나 한편으로는, 긍정적인 평가와 함께 '다른 사람이 부지에 들어오기 쉽다', '풀과 나무의 손질 등 유지관리가 힘들다', '방범과 안전성이 확보되지 않는다' 는 부정적인 평가도 있다. 세미 오픈 외관의 경우에는 이런 부정적인 평가가 더 높아지고 있다그림 3-1. 도둑 입장에서 보면, 오히려 완전히 열려 있는 쪽이 감시 당하는 듯하여 '잠깐 실례'를 할 수 없게 되는 것은 아닐까?

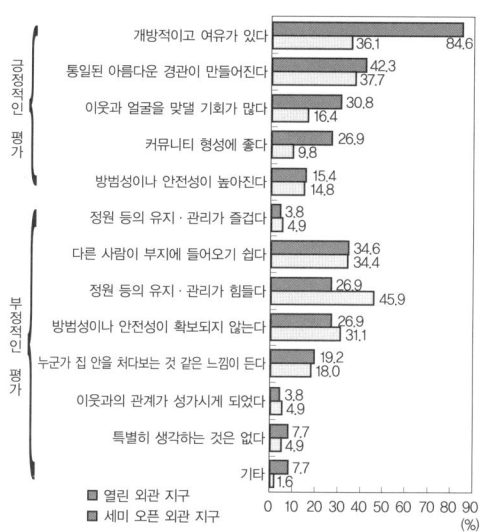

그림 3-1 열린 외관과 세미 오픈 외관에 대한 평가.
1997년 아이치 현의 고마키 시(小牧市)의 단독주택지를 대상으로 조사한 결과.

'앞으로 대문을 달고 싶은가?' 라고 질문해 보았더니, 열린 외관의 주택지에서는 대문을 달고 싶다고 대답한 사람은 적었으며, 이미 만들어 단 사람도 없었다. 한편, 세미 오픈 외관 지구의 거주자 쪽은 '대문을 달고 싶다' 고 생각하는 사람이 많았는데, 반수 이상의 거주자가 희망하고 있었다. 실제로 이미 대문을 달아놓은 집도 몇 채 보인다. 왜 사람들은 그렇게 해서라도 자기 집을 에워싸고 싶어하는 것일까?

누가 담을 만들었어? – 워크숍에서 생긴 일

사람들은 담은 있어야 하고 대문과 문짝은 달려 있어야만 한다고 믿는 것 같다. 나는 그것을 시민들과 함께 한 동네 가꾸기 워크숍에서 느꼈다.

장소는 기후 현岐阜縣 다지미 시多治見市의 다키로瀧呂였다. 마을회관에 모여서 동네 가꾸기 워크숍을 하였다. 워크숍은 3일에 걸쳐서 3회로 나누어 이루어졌다.

1회째는 자기 집 만들기. 자기가 좋아하는 주택의 모형을 만든다. 외관은 이런 식으로 해야지, 지붕은 이런 모양으로 하고, 창은 이렇게 …… 등등. 참가자 각각이 자기 취향에 맞추어 주택을 만들고 있다. 서로 즐겁게 이야기를 하면서 만들고 있지만, 각자의 집을 만드는 것이니까 자기들 집에 대해서 옆 사람과 상의하는 일은 없다.

보는 눈을 바꾸면, 풍요로운 생활이 보인다

담으로 옆집과 확연히 구분되어 있다.

집도 짓기 전에 먼저 담을 친다.

워크숍 후. 길 쪽으로 열린 외관이 되었다.

2회째는 자기 집의 정원 만들기. 부지에 자기 집을 올려 두고서 정원을 만든다. 일본식 정원이 있는가 하면, 영국풍의 정원도 있다. 모두가 열심히 정원을 만들고 담을 쌓고 있다. 정원이 완성되면 부지에 세팅을 한다. 길을 사이에 두고 양 편으로는 여러 가지 다양한 담이 늘어서 있다. 물론 옆집과의 사이에 담이 쳐져 있다.
　3회째는 길 만들기. "그전에 사이토 선생님의 말씀을 듣겠습니다.". 모두가 내 이야기를 경청해 주었다.
　'어머! 왠 일이야! 왜 내가 이런 담을 만들었지? 옆집과의 사이에 있는 담도 치워야지. 꼭 놀러 오세요' 라며, 돌연 모두들 자기 집을 에워싸고 있던 담을 걷어내고, 외관을 개방하기 시작했다.
　나는 단지, 길의 효과에 대해 이야기했을 뿐이다.
　분명히 사람들의 의식이 변하는 것을 볼 수 있었다. 자신들의 주택지를 안전하고 아름다운 동네로 만들고 싶어 한다. 그렇기 때문에 담은 필요가 없다.
　길과 더욱 더 친해지고, 길을 통해서 커뮤니티를 가꾸면서, 우리 모두 즐겁게 삽시다.

담은 필요 없다. 만든다고 한다면 산울타리로

　어떻게 해서든지 정원과 도로와의 사이에 무엇인가를 만들고 싶은 사람은 반드시 산울타리로 하자. 산울타리로 하는 것에는 여러 가지 효과가 있다.

보는 눈을 바꾸면, 풍요로운 생활이 보인다

다른 팀도 멋진 길을 만들고 외관을 개방했다.

물리적 측면에서는 대기의 정화, 기후의 조정, 지표·토양의 보전, 소리나 먼지, 불, 열, 시선의 차단 기능이 있고, 시각적인 측면에서는 경관을 향상시킨다. 게다가 동물과의 공생이나 가꿈의 즐거움도 선사한다.

그 밖에도, 블록 등으로 담을 쌓을 때에 비해서 지진이 일어났을 때 무너질 위험성이 없으며, 도둑이 침입하기 어렵다는 점도 있다.

그 중에서도 경관 향상, 즉 아름다운 경관을 만든다는 것에 주목해 보자. 좋은 동네로 가꾼다고 하는 것은 살고 있는 사람이 자랑으로 여길 수 있는 주택지가 아니면 안 된다. 집을 둘러싼 담이나 산울타리 등의 외관은 동네의 인상을 결정하는 중요한 부분이다.

외관을 크게 세 가지 타입으로 나누어보자 그림 3-2.

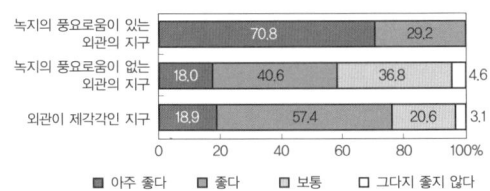

그림 3-2. 자기가 살고 있는 주택지의 경관은?
녹지가 풍부한 외관의 주택지에서는 경관에 대한 평가가 높다. 1996, 1997년 나라 현(奈良縣)·아이치 현·지바 현에서 주택 500채를 대상으로 조사한 결과다.

녹지의 푸르름이 느껴지는 2단 식재의 예. 거주자의 자부심이 높다.

석단과 산울타리를 2단으로 한 식재의 예

첫번째는, 나무를 많이 심어놓은 산울타리 등이 있어 녹지의 풍요로움이 있는 타입이다. 예를 들어서, 보통은 1단으로 나무를 심어서 산울타리를 만들지만, 더 풍요롭고 여유롭게 하기 위해서 도로 쪽에는 키가 작은 나무로, 그 뒤편인 주택 쪽으로는 조금 큰 나무로 1단을 더 만들어서 2단의 산울타리를 만든다. 혹은 도로와 주택 사이에 폭 1m, 아니면 좀더 넉넉하게 폭 2m의 그린 존green zone을 만든다.

두번째는, 외관의 정비가 처음 주택이 공급될 때 이루어진 타입이다. 통일된 외관이기는 하지만, 나무의 푸르름에 깊이가 없다.

세번째는, 외관이 제각각인 타입이다. 1960, 70년대에 만들어진 대부분의 주택지들은 외관의 정비는 이루어지지 않고 주택만이 조성되어 공급되었다. 그래서 블록 담, 산울타리, 펜스 등, 각자의 기호에 따라 만들어진 외관이 늘어서 있다.

이 중, 첫번째 타입의 주택지에서 살고 있는 사람들은 자기 주택지의 경관을 매우 높게 평가하고 있으며, 거기에 살고 있는 것을 자랑스럽게 생각하고 있다. 이 자부심이 동네 경관에 아주 중요한 영향을 미친다. 왜냐 하면, 그 자부심의 유무가 경관에 좋은 사람, 나쁜 사람이 되는 차이를 만들기 때문이다. 덧붙이자면, 경관에 나쁜 사람이라고 하는 것은, 아까 보았던 것처럼, 주위에 피해를 주는 증개축65쪽, 그림 2-10 등을 하는 '문제아'이며, 경관에 좋은 사람은 그런 것을 하지 않고, 오히려 꽃을 장식하거나 동네 경관에 좋

블록 담과 산울타리 등, 각 집의 외관이 제각각이다. 경관에 대한 자부심은 느낄 수 없다.

곧게 뻗은 폭 6m의 아스팔트 포장 도로. 역시 외관이 제각각이다.

은 영향을 주기 위하여 적극적으로 행동하는 '모범생'이다.

앞에서 말한 '사자에 아줌마'는 월요일 6시 반부터 방영되었는데, 당시 그 전의 6시부터는 '꼬마 지비마루코ちびまるこちゃん'였다. 지비마루코네 벚나무 집의 담은 블록 담이다. 1950, 60년대에는 경관이라고 하는 문화가 일본에 정착되어 있지 않았기 때문이다.

지금은 달라졌다. 경관에 대한 배려와 풍토를 고려하는 것이 필요하다. 왜냐하면, 어디를 가든지 똑같아 보이는 동네에서는, 거주자의 자부심이 생기지 않기 때문이다. 여기밖에 없는 동네는 중요하다. 한 채로는 만들 수 없는 경관. 풀과 나무, 푸르게 만들어진 동네의 경관은 누구에게나 편안함과 안심감을 준다. 당연히 누구보다도 살고 있는 사람들이 그 매력을 음미하고 즐기게 된다.

도시주택이야말로 담을 없애고, 마음을 열자. 그리고 살고 있는 사람들이 서로에게 안심할 수 있도록, 서로를 지켜주고, 안전성이 높은 동네를 스스로가 만들자.

그린 스페이스가 있는 새로운 공公·공共·사私 간의 관계 제시

기후 현의 사쿠라가오카 하이츠(櫻ケ丘ハイツ)

내가 단독주택지를 연구하기 시작하게 된 것은 기후 현에 있는 사쿠라가오카 하이츠를 만나고부터다.

사쿠라가오카 하이츠는, 나고야名古屋 역에서 중앙선을 타고 약 40분을 가서 다지미多治見 역에서 내린 다음, 거기에서 다시 버스로 약 20분 정도를 가야 하는 곳에 위치한 기후 현의 주택지다. 나고야 도시권의 베드타운으로 전체면적은 316ha약 5,000구획다.

사쿠라가오카 하이츠에 가서 가장 먼저 놀란 것은 간선도로의 보도가 아름다운 초록의 잔디로 되어 있는 것이었다. 그리고 그 양쪽에는 여유롭고 편안한 모습으로 단층집들이 펼쳐져 있다. 전봇대도 보이지 않는다. 도로는 험프교차점 등의 도로영역의 경계로, 포장을 부분적으로 높게 하거나 해서, 차가 지나갈 때 운전자에게 충격을 주어 주행속도를 억제한다나, 이미지 험프도로 포장면의 색채나 재질에 변화를 주는 것으로, 운전자가 통과할 때 심리적인 충격을 줌으로써 주행속도의 억제효과를 얻으려는 것이 있어, 완만한 물매와 곡선 등이 자연과 조화를 이루고 있다. 주택지 안으로 좀더 발을 들여놓으면 녹도綠道가 이어지는데, 거기를 따라 걸어가면 여기 저기서 공원을 만나게 된다. 공원에는 자연 지형이 살아 있으며, 하늘을 한껏 빨아들이고 있다. 공동의 집중 안테나가 있기 때문에 각 집의 지붕에는 안테나 없이 널따란 하늘만이 펼쳐져 있다. 각각의 주택에 똑같이 쌓여 있는 돌들은 그 지방의 에나惠那라는 곳에서 나온 것들이다. 이 석축들 위에는 산울타리가 심어져 있으며 곳곳에 녹지공간이 만들어져 있어, 이 주택지만의 공간을 느낄 수 있다.

먼저, 그린 스페이스는 돌을 쌓아서 바로 그 위에 만든 것이 아니라, 약 2~3m 정도를 주택 쪽으로 들여서(set back) 만들어 놓았다. 그런데, 처음에는 이렇게 녹지공간을 만들어 놓았어도, 거주자가 정원을 넓히고 싶은 마음에 산울타리를 앞 쪽으로 옮기는 일

사쿠라가오카 하이츠. 녹색의 풍요로움이 느껴지는 그린 스페이스.

이 생겨, 모처럼의 좋은 경관이 망가지고 말았다고 한다. 그래서 새로 생각해낸 것이, 석축 자체를 도로경계선에서 주택 쪽으로 약 1.2~1.5m 들여서 쌓고, 사유공간의 일부를 보도로 이용할 수 있도록 한 것이다. 새로운 그린 스페이스는 사유공간과 공유공간에 의해 성립된 것이다.

솔직히 말하면, 이 공간과의 만남이 동네를 보는 나의 눈을 바꿔놓았다. 개인의 공간도 아니고, 공공의 공간도 아닌 공간이 거기에 존재하고 있는 것이다. 마치 주택지를 만들어 놓고, 모두가 사용하는 곳은 공공이 소유하고 관리하며, 개인만이 사용하는 곳은 개인이 가지고 관리한다고 하는, 근대제도에 아주 근사하고 멋

잔디 보도. 발바닥에 닿는 감촉이 부드럽고 좋다.

있는 의문과 도전을 던지고 있는 듯하다. 그렇게 여러가지 다양한 주택지를 살펴보는 사이에, 공적이지 않은 공간, 사적이지도 않은 공간이, 다양한 모습으로 새로 만들어지고 있는 것을 알았다. 그것이 여기에 등장하는, 도전하는 주택지들이다. 이들 주택지가 시사하는 의의는 아주 큰 것이다.

여기에 살고 있는 사람들에게 '중부권의 덴엔초후田園調布네요' 라고 말을 걸어보자. 그러면, '아뇨, 우리는 로쿠로쿠소우六麓莊라고 불러요' 라고 대답한다. 과연 수도권의 덴엔초후가 아니라, 관서권의 아시야芦屋에 있는 로쿠로쿠소우 쪽이, 가깝고 친근하게 느껴질지도 모르겠다. 어느 쪽이든지 간에, 살고 있는 사람들이 얼마나 이 동네에 자부심을 갖고 있는가를 충분히 느낄 수 있다.

그린 스페이스(보도)에는 사유지뿐만 아니라 공유지도 일부 포함되어 있다.

4. 공유(共有)는 아름다운 주거환경을 지킨다

딸기를 심으면 왜 안 되는 거야 ?

어떤 사람이 집 앞의 보도 한쪽의 조그만 공간에 꽃을 심어 보았다. 거기는 공공용지다. 그렇지만 시市에서는 관리를 하지 않아 잡초가 더부룩하게 자라있다. 눈 앞에 잡초가 무성한 것이 싫어서 다듬기 시작한 것이 이제야 겨우 잡초도 단념을 한 것 같다. 땅에 비료를 주고 꽃을 심어 보았다. 작은 공간이지만 꽃은 잘 자라주어 지나가는 사람들도 좋아한다. 그래서, 다음에는 딸기를 심어 보았다. 조그맣고 하얀 꽃이 피고, 빨간 열매가 열리고, 어찌나 귀여운지.

그런데, 시청 직원이 얼굴이 벌개져서 무서운 얼굴로 뛰어들어 왔다. '어떤 놈이야!? 공공용지에서 수확을 얻고 있는 놈이!?'

터벅터벅, 집 근처 주민회관에서 회의가 있다고 해서 나갔다. 시청 직원에게 혼난 터라, 별로 기분이 좋지 않았다. 그렇지만 마을 주민모임의 반장이기 때문에 회의에 나가지 않을 수도 없다. 그런데, 왜 이런 평일 대낮에 하는 걸까? 평일 낮이다 보니 나올 수 있는 사람은 퇴직하고 난 노인네들뿐이다. 새로운 일을 결정할 수도 없다. 기존에 해오던 것들을 그대로 정하는 것만으로도 벅차다. 아무래도 주민회관은 평일 낮밖에는 사용할 수 없나보다. 시청에서 담당자가 오니까 담당자의 근무시간인 평일 9시부터 5시까지가 사용시간이라고 한다.

관청 공무원들이 하는 일들을 보면, 도대체 누구를 위해서 무엇을 하는 것인지 모르겠다 ……

누구 책임?

주민회관도, 도로도, 공원도 시가 소유하고 관리한다. 그래서 시가 관리하기 쉬운 것을 만든다. 그렇기 때문에 똑같이 생긴 도로와 공원, 주민회관이 만들어진다. 일본에서는 자기 집과 부지는 자기가 소유하고, 도로와 공원, 주민회관은 행정이 소유한다. 뭐든지 자기 멋대로 해서 제각각, 가지각색인 집과 어디를 가도 똑같은 무미건조한 도로와 공원. 그 연속이 일본의 근대 이후의 동네, 주택지다.

힘을 합쳐서 모두가 매력적으로 만듭시다. 앞에서 본 것처럼, 길을 매력 있게 하자. 도로는 블록으로 깔고 나무도 심고 꽃도 심자. 벤치도 놓아 두자. 그런데 이런 식으로 만들어진 도로는 각 지방공공단체의 개발지도요강 등에 맞지 않기 때문에 시는 받아들이질 않는다. 따라서 모든 주민이 함께 갖든지, 개인이 갖게 된다. 전자는 함께 소유하기 때문에 공유共有라고 한다. 모두가 함께 갖는 공유지만, 보통은 '사도私道'라고 불린다.

일반적으로 사도에만 접해 있는 주택에 대한 평가는 낮아진다. 그렇다고 해서, 그냥 폭 6m를 아스팔트로 포장한 직선도로를 만들어서는 매력이 없다. 그러니까, 도로와 공원을 시정촌市町村이 소유하고 관리하는 것을 그만두게 하면 되는 것이다. 만약에 공원과 도로를 지자체에 이관하지 않을 수 있다면, 더 매력 있고 개성적인 것을 만들 수 있고, 그러면서 행정의 재정부담도 줄어든다.

구태여 도로나 공원, 마을회관을 지자체에 이관하지 말고, 주민이 소유하여 매력 있는 주택지를 적극적으로 만들자. 바로 공유다. 그렇게 하면 길과 마을회관의 사용과 관리는 행정의 책임이 아니라, 주민 스스로가 정할 수 있다. 딸기도 심을 수 있고, 늦은 시간에 모임을 가질 수도 있다. 마을회관의 열쇠는 주민들이 가지고 있으니까.

그런데 정말 이런 사례가 있기는 할까?

모두가 함께 소유하고, 책임지고, 관리하고 있는 예

아파트의 공용 부분common space은 모두가 함께 소유하는 공유다. 단독주택지에도 그와 같은 공유의 장소가 있다.

'길'을 모두가 소유한다

앞에 나왔던 호프타운 가리바다이, 마이코트 미카타다이의 길은 모두가 함께 소유하는 '공유의 길'이다. 그렇다고 매력적인 길이 전부 공유로 되어 있다는 것은 아니다. '공유'로 할 것인지, 시에 넘길 것인지흔히 '이관한다'고 한다는 시와의 협의에 의해서 결정된다. 실제로 보면, 매력적인 길이 늘어나면서 공유로 하는 길도 많아지고 있다.

'주차장'과 '외관'을 모두가 소유한다

'우리 장소'로 주차장을 만들었던 그린테라스 시로야마. 그 장소는 공유다. 주택지에는 모두 100호가 있으니, 100호의 공유다. 그래서 마음대로 부지를 분할한다거나 주차장을 2단으로 하거나 지붕을 씌우거나 하는 것은 못 한다. 그렇게 하고 싶은 사람이 있어도 공유하는 사람들과 이야기를 나누다 보면, 역시 다같이 아름다운 경관을 소중하게 하자는 결론에 도달하게 된다. 서로 이야기를 주고받는 프로세스가 중요한 것이다. 그 안에서, 모두가 바라는 것을 확인한다. 그리고 장래상을 공유한다. 즉, 공유는 의식을 공유하기 위한 장치기도 하다.

그린테라스 시로야마에는 또 하나 재미있는 것이 있다. 그린벨트green belt다. 다시 한번 주택지 전체의 도면을 보자55쪽, 그림 2-3. 분명하게 택지와 도로를 따라서 폭 1m의 산울타리가 만들어져 있다. 이것이 공유다. 그 덕분에, 아무도 산울타리를 헐거나 도로에 면해서 주차장을 만들거나 하지 않는다.

'광장'을 모두가 소유한다

앞서 찾아가 보았던 미타 뉴타운의 주택지 아르카디아 21[57쪽, 그

보는 눈을 바꾸면, 풍요로운 생활이 보인다

잘 자란 나무들에 둘러싸인 멋진 디자인의 마을회관

림 24. 바로 '만세를 부르고 싶어지는 광장'. 그것도 공유다.

'마을회관'을 모두가 소유한다

그 밖에도 공들여서 멋있게 디자인한 마을회관. 공동 목욕탕과 휴게실, 탁구장, 오락실, 며칠 묵을 수 있는 방 등이 있는 마을회관도 있다. 그리고 테니스장, 스포츠 센터와 같은 스포츠 시설, 온천 등도 있다. 모두가 공유의 마을회관이다.

모두가 소유하는 '공유'. 그게 뭐지?

실제로 매력적인 길과 공원을 보았더니, 주민 모두가 소유하는 '공유'로 되어 있었다. 책임자 역시 주민이었다. 그런데 공유라는 게 도대체 뭐지? 잘은 모르지만 귀찮은 거 아닌가? 괜찮은가? 바로 그것에 대해 이야기해 보자.

제도적으로 모두가 함께 갖는 방법은 크게 두 가지로 나뉘어 진다. 예를 들어서, 아파트에서는 모두가 사용하는 복도나 계단, 엘리베이터는 공유가 원칙이다. 그런데 단독주택지에서는 좀처럼 그렇게 되지는 않는다. 겉으로 보아서는 알 수 없지만 사실은 각자가 소유하면서 그것을 한곳에 모아서 모두가 함께 사용하는 방법이 있다그림 4-1의 방법 2. 그림에서 확인해 보자. 방법 1에서는 가운데 있는 광장을 다섯 명이 공유한다. 방법 2를 보면, 한 개의 공원이지만 사실은 각자가 가진 스페이스가 있다. 각자의 소유 부분을 모아서, 겉보기에는 똑같은 광장을 만들고 있다.

공유하는 쪽방법 1에서는 뭔가를 바꾸려고 하면, 공유자 전원의 합의가 필요하다. 민법에서 말하는 '공유'에 따르기 때문이다. 그렇기 때문에 마음대로 변경할 수 없다. 전원의 합의가 필요하다. 따라서, 거꾸로 말하자면 마음대로 하는 것을 불가능하게 하는 장치기도 하다.

한편, 사유를 모아서 공유의 광장을 만드는 방법에서는, 기본적으로 각자의 스페이스는 각자의 자유가 된다. 그렇기 때문에 그 공간을 주차장으로 하여 지붕을 씌운다거나 하는 일이 생겨서, 경관이나 주거환경이 악화되기 쉽다. 양호한 주거환경을 유지하고 싶다면 공유로 하라고 권유하고 싶다.

보는 눈을 바꾸면, 풍요로운 생활이 보인다   115

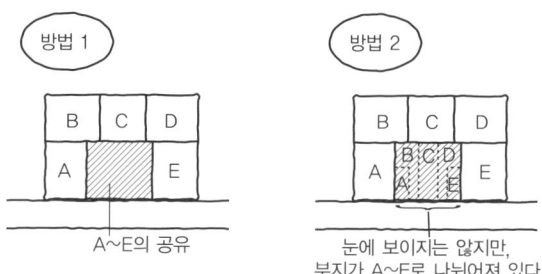

그림 4-1. 모두의 광장을 만드는 방법 – 소유의 두 가지 방법

살고 있는 사람들의 공유에 대한 평가는?

'모두의 합의가 필요해? 너무 불편하잖아. 아니 자유가 없잖아요? 살고 있는 사람들은 정말로 만족하고 있어요?' 그렇게 생각하고 있는 분들은 그림 4-2를 보기 바란다. 공유로 만들어진 광장

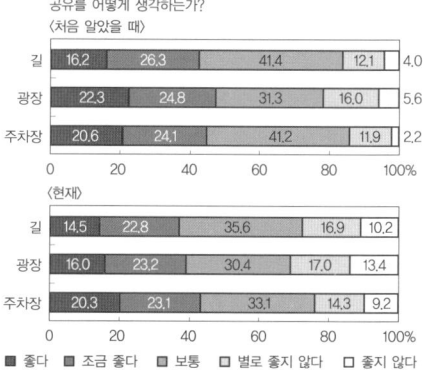

그림 4-2. 대략 80% 정도의 사람은 공유를 받아들이고 있다.
1996년, 2000년 수도권 · 중부권 · 관서권에서 단독주택지 10곳의 주택 975채를 대상으로 조사한 결과다.

이나 길에 대한 평가다. 대체로 80% 정도의 사람들이 '공유'를 받아들이고 있다. '싫어' 라고 하는 사람도 분명히 있다. 주택지에 따라 조금 차이가 있기는 하나, 대개가 이와 같은 경향이다.

그 중에서도 특히, 높이 평가받는 곳은 그린테라스 시로야마다. 그렇게 공유지가 많은데도 대부분의 사람들이 높게 평가하고 있다. 일반적으로 녹지가 많고 모두가 같이 사용하는 장소가 매력적으로 만들어졌을 경우에, 즉 다른 주택지에 없는 매력이 확실하게 있는 경우에는 평가가 높다.

'우리 동네는 이정도야. 다른 데랑은 다르지. 그렇기 때문에 우리가 소유하고 관리하는 거라구' 라고 주민들은 말하고 있다. 공유로 했기 때문에 다른 곳에는 없는 매력을 가지고 있는, 멋있는 주택지가 만들어졌다는 것을 살고 있는 사람들은 잘 이해하고 있기 때문이다.

바꾸어 말하면, 공유로 했다고 어디든지 주민들이 만족하고 있다는 것은 아니다. 다른 데에는 없는 매력, 그리고 관리의 부담이 그다지 없어야 한다. 그런것들이 갖추어져야만이 좋은 평가로 이어진다. 당연한 이야기지만 장점이 있으면 단점도 있기 마련이다. 그 조화 안에서 평가가 결정되는 것이다.

잘못된 공유에 의한 주택지는, 공유를 전제로 했지만 동네가 생각보다 좋은 디자인이나 주거환경으로 만들어지지 않은 곳이다. 관리 상의 불안이나 불만도 크다. 도로만을 공유로 했다고 해서 특별히 멋있는 디자인이 만들어지는 것이 아니다. 바로 이런 주택지가 해당된다.

'왜, 옆 동네의 도로관리는 행정이 해주는데, 여기에서는 우리가 하지 않으면 안 되는 거야?', '나중에 도대체 얼마나 관리비가 필요한 거야?', '매설물의 관리? 그거 얼마나 들어?' 등, 이런 불안감이 나쁜 평가로 이어진다. 따라서 이것저것 뭐든지 '공유'가 좋은 것만은 아니다.

알지 못하는 사이에 생기는 공유의 효과

그러나, 공유에는 거주자가 의식하고 있지 않는 효과가 있다.

주차장 광장을 보자. 그린테라스 시로야마와 나라奈良의 한 주택지에서는 똑같이 주차장 광장을 만들었다. 단, 그린테라스 시로야마에서는 공유로 하였으며그림 4-1의 방법 1, 나라의 주택지에서는 사유를 모아서 만들었다그림 4-1의 방법 2. 자, 어떻게 되었을까? 시간이 흐르자 나라의 주택지에는 2단식 차고나 차고에 지붕이 등장했다.

그린테라스 시로야마에서는 산울타리 부분을 완전히 공유로 했다. 그리고 똑같이 주차장 겸 광장이 있는 주택지지만, 그린테라스 시로야마에서처럼 산울타리를 공유로 하지 않은 주택지가 있다. 그런 경우에는 시간이 지나고 나면 산울타리를 없애고 주차장을 만드는 경우가 많이 생긴다. 예를 들어, 오유미노의 '5호1코몬' 주택지에 다시 한번 가 보자. '역시! 하고 있다. 주차장을 증설하고 있다' 주차장 겸 광장에는 주차 공간을 늘릴 수 없으니까, 도로에 접한 산울타리 부분을 걷어내고 각 부지 안에 주차장을 증설하고 있다. 세 대 분이나 더 만들고 있는 볼만한 집도 있다.

공유의 '주민에 의한 의사결정 시스템'이 중요

내것은 내가 가진다. 내가 관리하고 내가 사용한다. 아주 명쾌하다. 따라서 '우리의 장소'는 우리가 사용하는 것이니까 우리가 관리한다. 그러기 위해서는 우리 스스로가 어떻게 사용할 것인가를 결정할 수 있어야 한다. 남이 시켜서 하면 재미가 없다. 창조적이지 않다. 그렇기 때문에 '우리의 장소'는 '우리가 가지는' 공유가 좋다. 사실은, 공유가 좋은 것이 아니라, 공유가 갖는 주민에 의한 책임 있는 의사결정 시스템이 중요한 것이다.

공유의 광장에서는 안심하고 딸기를 심을 수도 있고, 모두가 느긋하게 이야기를 나눌 수 있는 마을회관도 만들 수 있다. 가끔은 공동청소를 한 뒤에 바비큐 파티도 하자. 때로는 이렇게 근사하게 쓰는 방법도 있을 것이다. 예를 들면, 공유의 길을 가끔 손님용 주차장으로 이용할 수도 있다. 노상 주차를 해놓은 차에는 '○○에 일이 있어서 왔습니다'라고 써 놓으면 되는 것이다.

공유는 우리들의 환경을 지키는 장치며, 안심할 수 있는 방법이다. 무서워할 필요 없다. 오히려 공유를 잘 살려서 매력적인 동네, 주택지를 만들자.

공유로 하는 것이 뭐든지 좋은 것은 아니다!

뭐든지 공유로 하는 게 좋은 것은 아니다

　구분소유로 되어 있는 아파트는 구분소유법區分所有法에 따라서 관리된다. 그 경우, 모두가 함께 공유하고 있는 것을 변경하려고 하면 4분의 3 이상의 다수결에 의한 결정이 필요하다. 주민 중에 어느 한 사람이 '누가 뭐라고 하든 나는 무조건 반대야!' 라고 고집을 피워도, 다수결이기 때문에 별로 문제가 되지 않는다. 또한 등기登記도 집을 사게 되면 빠짐없이 공유 부분의 소유권이 따라오는 방식으로 되어 있다.

　그런데, 단독주택지에서는 그렇게 되지가 않는다. 구분소유법과 같은 특별한 법률이 없기 때문에, 모두가 함께 사용하는 부분을 공유로 하는 것은 민법에 따르게 된다. 민법에서는 전원일치에 의해 공유물을 변경하도록 하고 있다. 그래서 한 번 만들어놓은 것은 좀처럼 변경하기 어렵다. 또한 아파트에서 처럼 집을 사면, 알아서 공용부분이 따라오는 소유와 등기의 장치도 마련되어 있지 않다. 따라서 가끔은 현재 거기에 살고 있지 않는 사람이 공유물의 소유권을 가지고 있기도 한다. 아마 이전에 살고 있던 주택을 팔 때, 모두가 공유하고 있던 것의 소유권을 옮기는 것을 잊어버렸을 것이다.

그리고, 도로나 공원을 가지고 있으면 세금을 내야 하는지도 궁금하다. 기본적으로는 공중용 도로라면 비과세가 된다. 이에 관해서는 그다지 단점이 되지 않는다. 오히려 지금은 도로 밑에 깔린 매설관 등과 같이 나중에 수선을 하는 데 돈이 얼마나 들지 알 수 없다고 하는 불안이 불만으로 이어지고 있다.

'공유 만세!' 라고 말하는 것이 아니다. 공유는 좋은 동네를 만들기 위한 하나의 수단인 것이다. 그러나 신경을 쓰지 않으면 안 되는 부분도 있으며, 제도적으로 개선해야 할 부분이 있다는 점은 확실하게 지적해 두고 싶다.

5. 차지(借地)는 안심되고 쾌적하다

예산 초과. 일본 주택이 비싼건 땅이 비싸서?

'일본의 주택은 비싸다. 왜 이렇게 비싼 것일까?'

가까운 주변의 주택지에 한번 가 보자. 대학 근처의 한 토지가 매물로 나와있다. 165m²^{50평}의 토지가 6,730만 엔. 거기에 3,000만 엔을 들여서 주택을 짓는다고 하면, 거의 1억 엔이다. 와…, 예산은 3,500만 엔인데 세 배가 되는구나. 한 군데 더 가보자. 이번에는 공용공간이 있는 단독주택지네. 요전에, 사이토 선생이 쓴 책에서 읽은 적이 있지. 음, 길이 매력적이고 도로광장도 있네. 조금은 흥미가 있다. ○○건축 매매, 9,180만 엔에서 9,980만 엔, 토지만은 5,200만 엔에서 5,650만 엔. 아마도 이쪽은 토지가 6,000만 엔, 주택이 3,000만 엔 정도 하는 것 같다.

포기하고 있는데, 부동산을 하나 발견했다.

 토지+건물: 총액 3,371.32만 엔(세금 포함)부터.

 토지가격만: 2,080만 엔(1구획)~2,980만 엔(1구획).

 단, 토지는 76.01m²~77.10m².

역시 세상은 만만치 않다.

이상이 수도권의 현실일 것이다. 조금 넉넉한 토지의 단독주택을 구입하려고 하면, 1억 엔이다. 일본에서 토지와 건물은 별도의 부동산이다. 그 중에서 토지가격이 저 혼자 올라갔다 내려갔다 한다. 거품경제 붕괴 이후로는 토지가격이 하락하고 있어, 가지고 있는 것만으로도 손해를 본다 …….

지금까지는 토지를 사서 가지고 있으면, 점점 토지가격이 올라갔었다. 그것을 팔면 돈을 벌 수 있었다. 그렇지만 지금은 다르다. 토지를 사도 가격이 떨어질지 모른다. 그렇다고 하면 토지를 사용할 수만 있으면 되지 않을까? 리스크는 안고 싶지 않다. 어떻게 해야 할까? 거기서 바로 정기차지定期借地라고 하는 방법이 등장한 것이다. 정기차지가 뭐지? 그리고 어째서 앞으로 정기차지가 매력적이라고 하는 걸까?

정기차지가 뭐지?

집을 짓기 위해서는 토지가 필요하다. 그리고 토지에 건물을 지을 수 있는 권리가 없으면 집을 지을 수 없다. 이것이 부지이용권이다. 부지이용권은 토지소유권과 동일한 경우가 많지만, 차지권借地權으로 되어 있는 경우도 있다. 차지권에는 정기차지권과 일반차지권이 있다. 종전에는 일반차지권밖에 없었다. 일반차지권에는 '지주地主는 정당한 사유가 있는 경우에 한해서, 갱신에 이의를 제기할 수 있다'는 내용이 있다. 바꾸어 말하면, 정당한 사유가 없으면, 지주라고 해도 한 번 빌려준 토지는 좀처럼 돌려받기가 쉽지 않다고 하는 것이다. 따라서 지주는, '그렇다면 주택을 지어서 빌려주지 말고 차라리 그냥 주차장으로 해두자'고 생각하게 된다. 이런 현상을 타개하기 위해서, 1992년에 '기한을 정해둔 차지 제도가 만들어지게 된 것이다. 이게 바로 정기차지권이다.

정기차지권은 크게 3가지로 나누어진다. 하나는, 일반 정기차지권으로 계약기간이 50년 이상인 것이다. 이 경우, 차지인借地人은 계약기간이 끝나면 건물을 해체하고 공터로 만들어서 돌려준다. 두번째는, 계약기간을 30년 이상으로 하는 것으로 지주가 차지권을 돌려받을 때, 건물을 사 들이는 것이다. 건물양도특약이 딸린 차지권이다. 세번째는 계약기간이 10년 이상 20년 이하인 것이 있다. 이것은 사업용일 경우에 대해서만 사용되는 것으로 주택 등에는 사용되지 않는다.

싸다는 것만이 매력은 아니다

실제로 정기차지를 이용하고 있는 주택지를 찾아가 보자.

가와사키 시川崎市에 있는 '미야자키다이宮崎台'는 집 아홉 채가 한 단지로 되어 있는 정기차지권 단독주택지다. 전쟁의 피해를 입고 이 주택지로 이사를 온 지주 S씨는 양봉업을 하기 위해 여기에 약 천 그루의 나무를 심었다. 그 뒤, 나무는 쑥쑥 잘도 자랐다. 그러나, 주변에서 개발이 이루어짐에 따라, 이 토지의 고정자산세도 오르게 되었다. S씨는 '나무를 남겨두고 싶다', '지금의 좋은 환경을 지키고 싶다', '높은 고정자산세를 어떻게 좀 하고 싶다'는 바람으로, 자연 수림은 그대로 두고 그 토지를 정기차지로 해서 빌려주기로 했다.

근처의 전철역에서 보면, 조금 높은 대지에 자리잡고 있는 이 주택지에는 지금도 녹지가 많이 남아있다. 두 개의 블록으로 나누어져 있는데, 둘은 다리로 연결되어 있다. 부지의 수림들이 남겨져 있어 입체적으로 보인다. 도로에서 정문으로 들어가면 막다른 작은 도로를 통해 각각의 집으로 들어가게 되어있다. 지역의 특성을 고려한 친절한 지주의 목소리가 들리는 듯하다그림 5-1.

남겨진 자연수림을 손질하면서, 지주와 차지인의 교류가 이루어진다. 거주자들이 지주로부터 나무의 손질법을 배우는 경우가 많다. 이와 같이 주택지를 관리하면, 함께 꽃구경을 한다거나 서로 초대하여 차를 마시면서 이야기를 나누거나 하는 등의 주민 간의 교류와 주민과 지주와의 교류가 이루어지고 있다.

다음에는, 훌쩍 날아서 가가와 현香川縣 다카마쓰 시高松市의 '멤버스타운 후쿠다メンバーズタウン福田'로 가보자. 여기는 토지구획 정리사업에 의해 이루어진 구역으로 넓이는 약 0.4ha다. 이 지역은 생긴 모양대로라면 단독주택지로 사용하기는 어렵다. 남쪽의 도로와 북쪽의 도로 사이의 폭이 너무 넓어서, 택지를 3단으로 배치

보는 눈을 바꾸면, 풍요로운 생활이 보인다 125

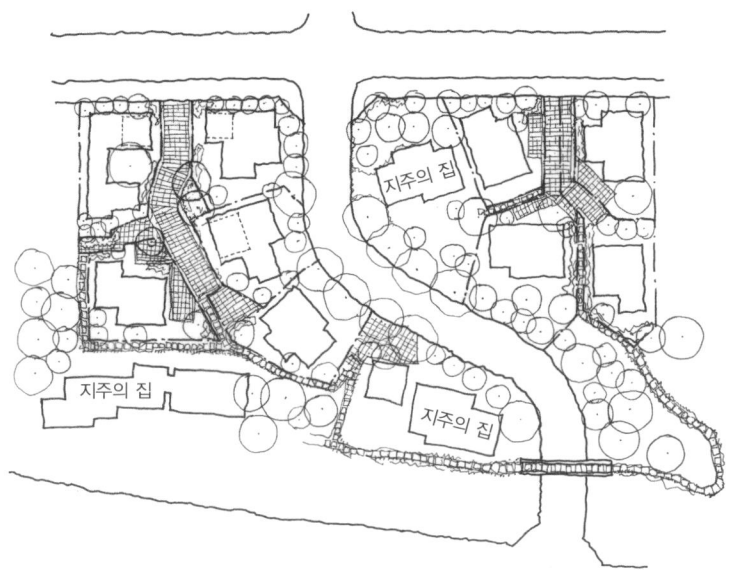

그림 5-1. 녹지가 넘쳐나는 미야자키다이

푸르른 나무와 파란 하늘이 보기 좋다.

할 수밖에 없는 상황이다. 그렇게 하면, 가운데의 주택은 길에 접할 수가 없게 된다. 접도규정을 만족하기 위해서 도로를 만들면 그 도로를 공공으로 이관하지 않으면 안 된다. 그렇다고 해서 부지를 연장하는 방식으로 한다면, 좋지 않은 주거환경을 만들게 될 가능성이 크다.

그래서 어떻게 해결했는가를 직접 현지에서 눈으로 확인해보자. 이야, 동네가 너무 멋있고 깨끗하다. 매력적인 길에는 멋있는 장식들이 있고, 각 주택들은 옆에 있는 집하고 일절 접하지 않는다. 어떻게 한 것일까?

그렇다. 이 주택지에서는 실질적인 길을 도로용지로 시에 이관하지 않고, 골목길 모양으로 부지를 연장하여 길에 접하도록 하는 방법을 채용하고 있다그림 5-2. 그러니까, 최씨 아저씨네 부지는 마치 깃발이 달려있는 깃대 모양이 되어 공도公道에 접하게 되는 것이다. 실제로 그림 5-2에서 보이는 (A) 부분은 길의 모습을 하고 있다. 아주 매력적인 길로 만들어져 있다. 즉, 하나의 길로 보이는 부분이 최씨 아저씨네 부지기도 하며, 박씨 아저씨네 부지기도 하며, 그리고 지주 아저씨네 토지(C)기도 하다. 지주의 토지에 해당하는 부분에는 조금 이상하면서도 재미있게 생긴 조각작품들이 놓여 있다.

남북 방향으로 집과 집 사이에는 차지인들이 임차한 토지의 일부를 모아서, 보행자 전용의 녹도를 만들어 놓았다. 이 녹도는 앞

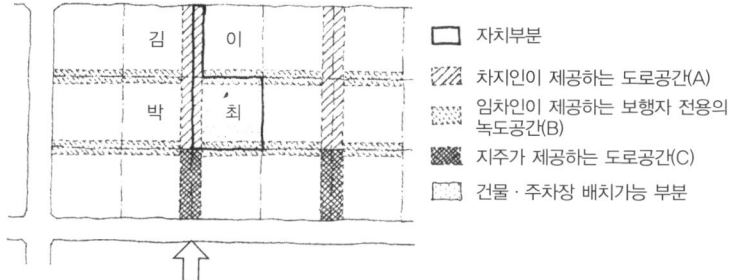

□ 자치부분
▨ 차지인이 제공하는 도로공간(A)
░ 임차인이 제공하는 보행자 전용의 녹도공간(B)
▓ 지주가 제공하는 도로공간(C)
▢ 건물·주차장 배치가능 부분

그림 5-2 멤버스타운 후쿠다에서 '모두의 공간'을 만들어낸 방법

그림 5-2의 화살표 위치에서 본 길의 모습. 지주가 제공한 공간과 차지인이 제공한 공간이 함께 하나의 길을 만들고 있다.

집과 뒷집 사이에 충분한 거리를 두어 일조, 통풍, 사생활 등을 확보할 수 있도록 하기 위해서 만든 것이다. 정기차지권이 딸려 있는 다른 많은 주택지들을 돌아보면서, 이런 패턴의 주택지가 많다는 것에 놀랐다. 이와 같은 녹도는 소유권 방식으로는 좀처럼 실현하기 어려운 것이다.

이 지역에는 그 밖에도, 내가 '둘째', '셋째' 라고 부르고 있는 주택지가 있다. 처음에 만들어진 정기차지 주택지(처음으로 생긴 것이니까 '첫째' 라고 내가 맘대로 이름을 붙여서 부르고 있다)를 보고, '이거 좋네' 라고 생각한 지주들이 '나도 해봐야지' 하고 만든 주택지다. '우리 동네도 이랬으면 좋겠어' 라는 바람에 의해 이런 방식의 주택지가 새로 생기고, 이어서 또 생기는 연쇄반응이 일어나고 있다. 좋은 것은 반드시 연쇄반응을 일으킨다.

빌린 땅이 쾌적하고 안심되는 이유

어째서, 차지가 안심되고 쾌적한 것일까?

첫번째로, 주택구입자는 주택을 토지소유권 방식보다 싸게 손에 넣을 수 있다그림 5-3. 그러나 그것만은 아니다.

두번째로, 주택구입자 쪽에서 보면 부동산 투자에 대한 리스크가 적다. 토지의 가격이 오르거나 내리거나 하는 위험을 감수할 필요는 없다.

세번째로, 양호한 주거환경의 주택지를 만드는 것이 쉽다. 예를

차지방식으로 만든 멋있는 주택지

차지인이 돈을 모아서 만든 광장이다.

각 집은 이 광장을 통해서 들어가게 되어 있다. 광장에는 의자와 테이블도 놓여 있다.

사람들이 걸어다니는 길. 넓고 여유롭게 만들어져 있다.

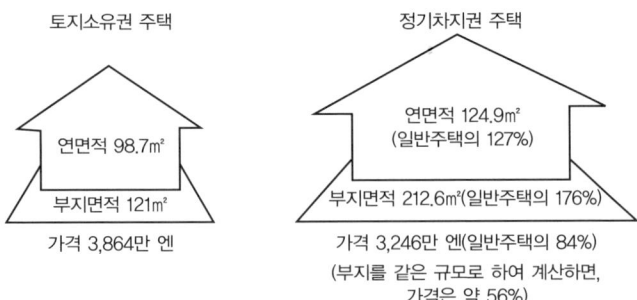

그림 5-3. 정기차지권을 이용하면 소유권의 경우보다 더 넓고 싼 단독주택을 손에 넣을 수 있다. (출전: 國土交通省 감수 『わかりやすい土地讀本』 2004년 발행)

든다면, 토지소유권 방식의 단독주택지에서 양호한 주거환경을 형성하기 위해서, 좀전에 이야기한 녹도와 같은 개인과 개인의 완충공간이나, 광장 등과 같은 공동 이용의 공간을 만들려고 하면, 그 토지가격이 각각의 주택가격에 포함되어 구입자의 부담이 증가한다. 실현을 위한 비용 부담의 균형, 비용과 효과의 균형을 찾기가 어려워 실제로는 만들어지기가 어렵다. 더구나 차지방식에 의하면 소유의식에 얽매이지 않은 자유로운 디자인도 가능하게 된다.

　네번째로, 양호한 주거환경을 유지하는 것이 쉽다. 좋은 환경을 전체로서 만들고자 하면, 어느 정도 개인의 권리를 제한할 필요가 있다. 그렇지만 토지를 소유하는 형식의 주택지에서는 일반적으로 개인의 소유권 의식이 강하다. 어떤 규제를 하려고 하면, '남의 재산권을 빼앗는가!' 라는 말을 듣게 된다. 그러나 차지에서는 토지이용의 규정을 만드는 것이 어렵지 않다. 차지라는 것은 바꾸어 말하면, 상대적인 토지이용의 권리다. 소유권이라고 하면 아무래도 절대적인 권리로 생각하기 쉽다. 그렇기 때문에, 토지의 이용을 제한하는 건축협정 등의 규정을 만들기가 쉽지 않다. 토지이용의 규정을 만듦으로 해서, 이후에도 보다 양호하고 안심되는 주거환경을 안정적으로 유지해 갈 수 있다.

다섯번째로, 토지를 사랑하는 지주가 있다. 토지를 무리하게 개발하고 도망가버리는 것이 아니라, 토지를 사랑하고 토지에 뿌리를 내리는 지주가 있다. 따라서, 미야자키다이, 멤버스타운 후쿠다와 같이 지역배경에 따라서 개발할 수 있게 된다.

여섯번째로, 장래에도 자유도를 확보할 수 있다. 예를 들면, 주택지를 개발한다고 해도, 정기차지의 경우에는 길을 행정에 이관하지 않기 때문에 앞으로도 토지는 지속적으로 자유도가 높은 형상을 담보할 수 있다. 잘게 분할된 토지에서는 시대의 변화에 대응하기 어렵다.

즉, 차지는 단순히 주택구입 예정자에게 값싸게 주택을 제공하는 것만이 아니라, 사회적으로 보아도 많은 가능성을 가지고 있는 방법인 것이다. 차지제도는 많은 사람들이 소유라는 것에 얽매여 볼 수 없었던 것들을, 다시 볼 수 있도록 해준다.

정기차지 방법을 잘 사용해서, 예산을 넘어서는 집을 없애자.

정기차지 공용(Common)방식

일반적인 소유권에 의한 주택지에서는 토지가격이 차지하는 비율이 높기 때문에, 양호한 주거환경이나 경관을 형성하기 위하여 토지를 여유 있게 사용하려고 하면 비용이 많이 들게 된다. 또한 주민이 스스로 관리하도록 하려고 하면, '내 땅이니까 내 맘이죠!' 라고 하는 사람이 나오게 되고, '난 몰라요' 라는 말을 들으면 더 이상 할 말이 없게 된다.

그런 문제를 한꺼번에 해소하는 '정기차지권' 으로 만드는 풍요로운 주택지를 제안한다.

규정 1. 토지는 '정기차지' 로

○ 1992년에 차지차가법借地借家法을 개정하여 만들어진 정기차지권을 사용한다. 앞에서 설명한 바와 같이, 이것은 소유보다 이용을 중시하며 50년 이상의 정해진 기간 동안, 토지를 빌리는 것이다. 계약이 종료된 후에는 지주에게 토지를 돌려주지 않으면 안 되지만, 싸게 토지를 사용할 수 있는 제도다.

○ 전문적인 이야기가 되겠지만, 정기차지권의 계약에는 임차권과 지상권이 있다. 각각 장단점이 있는데, 여기에서는 임차권을 채용하길 제안한다. 지상권을 채용하면 지주의 승낙 없이

칼 럼

차지권을 양도하는 것이 가능해지기 때문에, 주거환경을 지키기 위한 관리협정의 지속성이 불안정해지기 쉽기 때문이다.
○ 거주자가 각 주택마다 각각의 토지를 빌리는 것을 원칙으로 한다. 전체의 환경을 지키기 위해서, 전원이 하나가 되어 지주로부터 토지 전체를 빌리는 방법도 생각할 수 있으나, 그런 경우에는 각 집과 차지권의 전매나 증·개축의 자유도가 낮아지고, 누군가가 지대를 낼 수 없게 되었을 때 남아 있는 사람이 그것을 내지 않으면 안 되는 상황이 생길 가능성도 있기 때문이다.

규정 2. 양호한 주거환경을 만든다

막다른 길(한쪽이 막힌 골목길), 주차장 겸용 광장 등 모두가 사용하는 공간을 효과적으로 배치한다. 그런 것들을 여기서는 공용 공간이라고 부른다.

건축물의 배치나 형태를 좀더 자유롭게 하기 위해서, 하나의 부지에 하나의 집(1건축물 1부지)이라는 생각을 버리고, 모아진 하나의 토지에 여러 개의 집이 들어서 있는 단지처럼 생각한다. 전문적으로 말하면 연담건축물설계連擔建築物設計 제도나 종합설계제도를 이용하여 실현할 수 있다.

그렇게 하면, 하나 하나의 집이 길에 접하지 않으면 안 된다고 하는 법률 상의 제한이 없어진다. 그리고 부지 전체에서 건폐율과

용적률, 사선제한 등을 만족하면 된다.
○ 연담건축물설계제도를 사용하기 어려운 경우나, 전체의 규모·형상을 고려하였을 때, 그 필요성이 낮은 경우에는 '1건축물 1부지'로 한다.

이 경우, 공용공간을 만들면, 건물은 길에 접하지 않으면 안 된다고 하는 규정을 만족하기 어렵게 될 경우가 생기지만, 앞에서 소개한 '부지를 연장하는 방법(깃대, 혹은 골목 부지라고 부른다)이나, 미니mini 개발지의 분양 등에서 사용되고 있는 사도부담私道負擔이라고 불리는 위치지정도로位置指定道路의 방법을 수용할 수 있으며, 두 가지 방법을 적절하게 함께 사용해도 좋다.

이런 부분은 적극적으로 공용공간으로 이용하도록 한다.

규정 3. 공용공간의 토지는 공공으로 이관하지 않는다

공용공간의 토지는 공공으로 이관하지 않는다. 그 이유는 장래에 정기차지 계약이 종료된 후, 전체를 다시 정비할 때, 도로에 의해 잘게 잘려진 토지가 아니라, 전체를 하나의 토지로서 자유롭게 이용할 수 있는 자유도가 확보될 수 있기 때문이다.
○ 공용공간은 각 부지의 빌린 부분에서 제공하는 것을 원칙으로 한다. 공용공간은 빌린 부분에서 제공하는 경우와 지주가 소유한 채로 지주가 제공하는 경우를 생각할 수 있다.

전자의 경우에는 각 차지권자의 부지면적이 넓어지기 때문에, 1건축물 1부지의 경우에는 건폐율과 용적률 등의 제한에 대해서 설계의 자유도가 높아진다.

후자의 경우는 공용공간 부분을 지주의 의도에 따라서 직접 관리할 수 있기 때문에, 공용공간을 보다 확실히 유지할 수 있다.

이 제안에서는 각 부지의 설계 자유도를 높이는 것을 중시하여 전자의 방법을 설정한다.

규정 4. 주거환경 관리협정을 만든다

○ 각 차지 부분에서 공용공간을 제공하기 때문에, 자기가 빌린 토지이지만 마음대로 쓸 수 없는 토지가 있다. 또한 설계의 자유도를 높이기 위해 건축확인신청 상의 부지에 공용공간을 포함시키기 때문에, 차지권자가 자유롭게 사용할 수 있는 부지와 항상 일치하지는 않는다. 그런 것들도 주거환경 관리협정에서 명확하게 각각의 범위를 나타내어, 이용제한 등을 협정 안에서 정한다.

○ 주거환경 관리협정에는 공용공간의 이용이나 관리에 관한 사항만이 아니라, 주거환경 전체를 더 좋게 하기 위해서, 각 주택의 배치·형태·의장·이용제한 등에 관한 내용을 정한다.

○ 주거환경 관리협정에 합의하고 차지계약을 체결한다. 차지계약에는 차지에 관한 약정에 더하여, 주거환경 관리협정을 양쪽

모두가 준수한다는 내용을 담는다.

규정 5. 관리조합을 만든다

○ 지주와 주거자(차지권자)가 함께 관리조합을 만들어, 공동으로 운영한다.

지주가 리더 역할을 하고 거주자가 주체가 되어, 주거환경을 공동으로 관리한다.

관리조합의 설립은 주거환경 관리협정으로 정한다. 주거환경 관리협정만이 아니라 관리조합에 대해서도 차지계약에서 확실하게 정해 놓는다.

규정 6. 관리조합에 의한 주거환경 관리와 행정지원

관리조합이 주체가 되어 주거환경을 관리하고 행정은 그것을 지원한다. 보통의 주택개발이라면 도로·공원을 정비하여 그것을 공공에 이관한다. 그리고 유지·관리 비용은 당연히 행정이 부담한다. 이 제안의 주택지에서는 공공에 이관하지 않고 관리조합이 책임을 지고 관리하기 때문에, 행정은 그 관리비용을 들일 필요가 없어진다. 따라서 공평한 관점에서 보아도, 일반적으로 행정의 부담이 되는 비용으로 볼 수 있는 범위라면 행정이 관리조합을 지원하는 것이 당연하다. 예를 들면, 관리에 대하여 보조금을 지급하거나 과세의 혜택을 주는 것이다. 고정자산세의 부과와 관련하여, 단지團地 외의 사람도 이용할 수 있는 도로의 공용공간은 공중도로기본적으로 비과세로 보는 것이 마땅하다. 또한 광장, 주차장 등의 공용공간은 본래 각각의 부지 안에 있는 것을 모아서 모두의 공간으로 만든 것이기 때문에, 과세의 혜택을 주어야 한다.

정기차지 공용방식의 뛰어난 점

이상의 방법을 소유권에 의한 보통의 주택지 개발·관리 방법과 비교하면, 다음과 같은 특징을 가진다.

첫번째는, 공용공간을 만드는 것에 지가가 반영되기 어렵다. 공용공간의 가치와 그것을 실현하기 위해 비용부담을 균형 있게 조절하는 것비용 대(對) 효과이 소유권방식보다 좋다.

두번째로, 개인의 소유권을 제한하는 것이 어렵지 않다. 원래 풍요로운 주택지를 원해서 구입했다고 해도, 시간이 흐르면 '내 땅이니까'라고 말하는 사람이 나오게 되지만, 이 방법에서는 지주와의 계약에 의해서 제한을 받기 때문에 거주자 간에 마찰이 잘 생기지 않는다.

세번째로, 공용공간의 유지시스템은 '모든 토지의 임대'다. 등기 상의 문제는 없으며 거주자는 공유를 불안정하게 생각하지 않는다.

네번째로, 공용공간을 포함하여 주거환경을 관리하는 조직은 지주와의 계약관리에 의해서 정해지는 것으로, '나는 관리조합에

안 들어갈래'라고 하는 사람이 생기지 않는다. 또한 중고 구입자나 상속을 받은 사람도, 차지계약을 이어받기 때문에 나 몰라라 할 수 없다.

이렇게 함으로써 임의의 참가에 의한 조합이 아니라, 구분소유법이라고 하는 근거를 가지는 아파트 관리조합처럼 안정성을 확보할 수 있다.

다섯번째로, 일반인이 관리에 어려움을 느끼는 것은 지주가 리더의 역할을 하여 관계하는 것으로써 해결할 수 있다.

여섯번째로, 토지 소유권방식에서는 공유하게 되는 공용공간이 건물의 부지와 함께 하나로 등기되지 않기 때문에 매각할 때 공유지의 명의변경을 잊어버린다고 하는 불안정함이 있지만, 차지권 방식의 경우에는 그런 일이 거의 없다.

이와 같은 공용공간을 중심으로 지주와 거주자가 주거환경을 공동으로 관리하는, 작은 정부를 위한 자율적인 지역관리, 즉 '에이리어 매니지먼트 area management'의 첫걸음이라고 생각한다.

그렇다면, 실제로 정기차지권에 의한 주택지는 그런 방식으로 되어 있는 것일까? 나는 우선 방식을 생각하고 나서, 현실 사회에 이런 주택지가 없을까 하고 찾아보기로 했다.

찾기 시작한지 얼마 안되, 이건 실제로 해 볼 가치가 있다고 판단할 수 있는 10개 지역을 찾을 수 있었다. 장소는 수도권과 시즈오카 현靜岡縣, 가가와 현이다.

칼 럼

이미 12월 20일이 지나고 있었다. 연말을 며칠 앞두고 꽤 바빴던 때였다. 그러나 들뜬 마음에 어찌 할 수가 없어서, 해를 넘기기 전에 전부 다 돌아보았다. 마지막으로 갔던 다카마츠高松에서는 이미 '업무종료'를 한 상태였는데도, 우리를 너무 친절하게 대해주었다. 특히, 본문에 등장하는 미야자키다이나 멤버스타운 후쿠다에서는 지주분들이 너무나도 따뜻하게 맞이해 주었다. 그리고, 여러 가지 제도나 방식들도 대부분 우리가본 구상은 메카이 대학(明海大學)의 中城康彦 교수님과 공동으로 생각한 것이다 설정한 그대로였다.

그러나 도시계획법 · 개발지도요강이 융통성 없이 운용되기 때문에 그런지, 공공기관의 이관 요구에 의해 자유도가 낮은 토지형상을 강요 받은 예도 있었다.

이관을 했어도 법적으로는 지주가 소유권을 갖고 있는 것이 가능하지만, 실제로 그런 예는 없었다. 이 책에서 제안한 방법을 보다 유연하게 실현하기 위해서는, 소유권이나 성장형 사회의 신규개발을 전제로 한 도시개발 · 관리제도를 이용권방식의 도시개발 · 관리제도로 재편하는 것이 필요하다.

6. 규정이 있는 편이 자유롭다

규정은 왜 있는 거야?

어느 한 아파트의 이사장이 나를 찾아왔다. 아파트 관리에 관한 책을 내서 그런지, 최근 이런 일이 많다. 관리에 관한 상담이라면 아파트 관리센터 등의 전문기관을 찾아가 보시라고 했지만, "난 대학 교수였기 때문에, 교수한테 이야기를 듣고 싶다"고 대답했다. "당신께서 교수셨다면, 교수가 모든 일에 바로바로 도움이 되는 것이 아니라는 정도는 알고 계시지 않습니까?"라고 말하고 싶은 기분을 참고, 얌전하게 이야기를 들었다.

이야기의 요지는 다음과 같다. 아파트의 거주자가 규정을 지키지 않는다. 그래서 벌칙을 주는 경우가 점점 늘고 있다. 노상에 그냥 주차를 하는 차가 너무 많아서 순찰대를 만들어 순찰을 돌고 있으며, 노상주차한 차의 번호판을 기록하고 경찰과 협력하면서 단속을 한다고 한다.

노상주차 이외에도 다른 여러 가지의 위반자와 그들을 단속하는 온갖 방법을 들으면서 매우 놀라지 않을 수 없었다. 너무 깜짝 깜짝 놀라면서 들어서인지 그 내용은 잘 기억나지 않는다. 단지,

내가 말한 한 가지만은 기억하고 있다. "단속을 하기 전에, 무엇을 위해서, 왜 규정이 있는가를 먼저 이해시키는 것이 중요한 것 아닙니까? 그 규정은 무엇 때문에 있는 것입니까?", "……" 그리고 이어서, 나는 아파트 단지에 규정이 있어야 하는 이유에 대해서 하나하나 설명했다.

아파트 단지의 규정은 존재하는 것에 의미가 있는 것이 아니라, 사람들이 그것을 지키려고 하는 행동의 질서가 모인 것이라는 것에 의미가 있는 것이다.

건축협정이 뭐지?

규정. 규정 투성이인 아파트에서 탈출하여 단독주택지로 이사를 했다. 이제는 자유롭게 살 수 있을 것이라 생각했다. '그런데, 이번에는 건축협정이야?' 처음에는 '아~ 싫어!' 라고 생각할지도 모르겠다. 그러나, 사실은 건축협정이 있으면, 자유가 얽매이는 것이 아니라 자유가 지켜지는 것이다. 바꾸어 말한다면 협정이 있기 때문에 우리는 진정한 자유를 손에 넣을 수 있는 것이다. 이 자유라는 것은 불안으로부터의 해방이다. 불안이란, '옆집이 3층이 되면 ……', '우리 집에 바짝 붙여서 집을 지으면 어쩌지 …… 그늘이 져버리는데'와 같은 것이다.

이런 것에 대응할 수 있는 것이 바로 건축협정이다.

일본에는 도시 차원에서 토지이용의 방법을 결정하는 도시계획법과 부지 차원에서 건물의 모양이나 형태를 규정하는 건축기준법, 이렇게 2개의 법이 있다. 도시계획법은 도시의 이용방법을 개략적인 단계에서 정할 뿐이며, 건축기준법은 각 부지의 사용방법에 대한 최저한의 규정을 정할 뿐이다. 따라서, 동네 차원, 즉 주거환경 차원의 규정은 없는 것이다.

건축기준법은 최저한의 규정을 정할 뿐이다. 이것을 지키기만 하면 좋은 주거환경이 만들어진다고 하는 의미는 아니다. 그렇기 때문에, '우리 주택지에서는 담을 쌓지 말고 산울타리로 하자', '지붕은 구배지붕으로 하고, 건물은 요란하고 얼룩덜룩한 색으로 칠하지 말자', '집이나 창고를 지을 때는 부지경계선에서 1m는 띄우자' 등과 같이, 그 지역의 상황을 살펴서, 지역에 맞는 규정을 정해두는 것이 바로 건축협정이다.

건축협정은 전원합의로 정하는 것이다. 그런데 실제로는, 전원합의가 어렵다. 한 사람 정도는 '하여간 난 싫어'라고 이유도 없이 반대하는 사람이 있기 마련이다. 그래서 개발사업자가 택지를 팔기 전에 혼자서 협정을 채결한다. 그것이 일인협정一人協定이다. 2002년 3월 현재, 전국에서 약 4,300건의 건축협정이 채결되어 있다. 이중에는 일인협정에 의한 것이 꽤 많다.

지바 현을 사례로 해서, 그 내용을 조금 살펴보자.

지바 현에서는 주택지의 신규개발이 추진되고 있는 사쿠라 시佐倉市, 지바 시 등 동쪽 지역에 협정채결지구가 많다. 대부분이 주거지로, 신시가지가 90%고 기성시가지가 10%를 차지한다. 전국적인 경향과 거의 같다.

주택지에 한해서 보면 '주거환경의 유지 · 증진'을 목표로 하는 것이 많다. 채결구역의 넓이는 다양하며, 유효기한은 10년으로 그 기간이 지나면 자동적으로 갱신되도록 되어 있는 것이 80%를 차지하고 있다. 협정의 내용은 부지의 분할 금지, 전용주택 이외의 건설 금지, 용적률 · 건폐율 · 최저부지면적, 높이와 층수, 벽면의 위치, 담에 관한 결정 등이다.

참고로 말하자면, 우리 연구실에서는 매력적인 주택지 리스트를 만들었으며 전국의 약 200개 단독주택지에 관한 데이터를 가지고 있다. 그 중에서 60%의 주택지가 건축협정을 채결하고 있다. 조금 더 자세히 보면, 건축협정과 비슷한 내용을 정할 수 있는 지구계획이라는 것이 책정되어 있는 주택지가 40%다. 매력적인 주택지에 어떠한 규정이 있다는 것은 당연한 것 같다표 6-1, 그림 6-1.

협정이 있는 매력적인 주택지를 찾아가 보자

건축협정이 채결되어 있는 매력적인 주택지를 직접 찾아가 보자.

긴키일본철도近畿日本鐵道의 나고야 역에서 버스를 타고 다이부츠덴大佛殿을 향하는 도로를 타고 가면, 니가츠도우二月堂, 산가츠도우三月堂라고 하는 역사歷史가 감도는 곳에, '나라 아오야마 자

표 6-1. 건축협정과 지구계획의 차이

건축협정	건축기준법 제4장 69조에 근거한다. 시정촌의 일부구역에서 토지소유자 등의 전원합의에 의해 '건축물의 부지, 위치, 구조, 용도, 형태, 의장 또는 건축설비에 관한 기준에 관한 협정'을 채결하는 것이 가능하다. 건축협정의 채결을 위해서는 시정촌 조례에서 미리 협정채결이 가능하다는 것을 정해둘 필요가 있으며, 특정 행정청(건축주사를 둔 시정촌의 장 또는 지사)의 인가를 받을 필요가 있다. 협정채결 후에는 지역의 협정운영위원회가 운영주체가 된다.
지구계획	도시계획법 12조 5에 근거한다. '건축물의 건축형태, 공공시설, 기타 시설의 배치 등에서 볼 때, 일체로서 각각의 구역에 어울리는 형태를 갖춘 양호한 환경의 각 가구를 정비 및 보전하기 위한 계획'을 행정이 정한다. 지구계획은 '방침의 지구계획'과 '지구정비계획'으로 구성된다. 1980년에 도시계획법과 건축기준법의 일부개정에 의해 창설되었다. 지구계획은 도시계획으로 결정되며 운영은 행정이 한다.

연주택지奈良靑山自然住宅地'가 있다. 나라 아오야마 자연주택지라고 하는 이름만큼이나 자연이 가득하다. 숲 속을 거닐고 있는 듯하다. 바람이 솔솔 부는 게 기분이 좋다. 새가 즐거운 듯 노래를 하고 있다.

 이 주택지는 자연수림을 남겨 놓은 주택지다. 원래, 북향의 급경사면이라는 자연조건과 주택지 전체가 풍치지구·주택조성구역

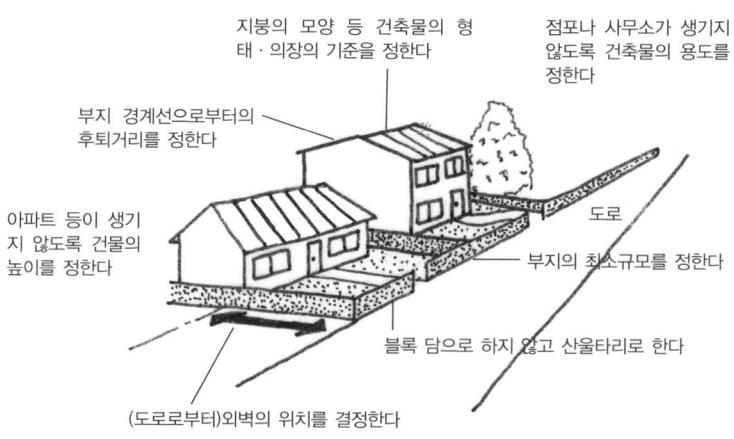

그림 6-1. 건축협정으로 결정되는 내용

으로 지정되어 있는 등 규제구역이었다. 법규제가 많고 불리한 조건을 어떻게 거꾸로 이용할 것인가가 과제였다. 그러한 역경 속에서 만들어진 것이 이 주택지다.

녹지를 소중히 하는 이 주택지에서는 도로경계선에서 2m, 이웃 집과의 경계선에서 1.5m 후퇴한 부분을 녹화공간으로 한다고 하는 내용의 건축협정이 있다.

물론, 모든 주택이 산울타리로 둘러싸여 있으며 녹지가 풍부한 이 주택지는, 누가 보더라도 '너무 좋다' 혹은 '좋다'고 평가하고 있다. 입주할 때에 '협정이 있어서 좋았다'고 느낀 사람은 70% 정도였으나, 이사 와서 살고 있는 현재는 90% 이상으로 높아져 있다.

나라 아오야마 자연주택지. 도로경계선에서 2m까지가 녹지공간이다.

뒤 쪽에서 보면 자연림과 녹화된 법면(돌담의 경사면)은 점점 무성해지고 있다.

살고 있는 사람들은 협정을 어떻게 평가하고 있는가?

조금 전에 살펴본 주택지에서는 건축협정에 대한 평가가 높았다. 그럼, 다른 주택지에서도 높게 평가되고 있을까? 확인해보고 싶다. 일반적으로 건축협정 같은 것은 개발사업자의 자기만족이며, 실제 거주자들은 한숨을 짓고 있지는 않은가. 그런 목소리가 있을지도 모르겠다. 살고 있는 사람들의 의견을 들어보자그림 6-2, 그림 6-3.

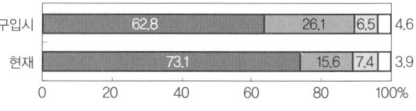

그림 6-2. 거주자들의 지구계획·건축협정에 대한 평가는 주택구입 후에 더욱 높아진다.

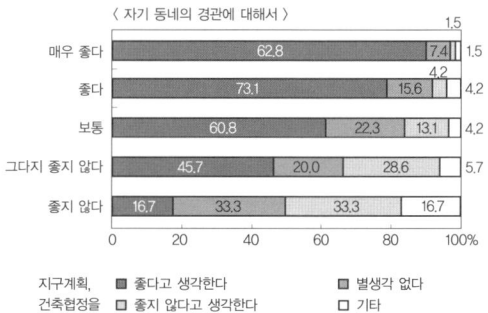

그림 6-3. 경관에 대한 평가가 높은 곳은 지구계획·건축협정에 대한 평가도 높다.
그림 6-2, 6-3 모두, 1993~1996, 2000년에 단독주택지 20곳의 2,060채를 대상으로 조사한 결과다.

주택을 구입할 때, 건축협정이 있다는 것을 듣고서 '좋다'고 생각했던 사람은 평균적으로 약 60% 정도다. 그런데 살아 가면서 내린 평가는 약 70%까지 높아진다. 모든 주택지에서 똑같다. 물론, 좋지 않다고 생각하는 사람도 10% 정도 있다. 만약 집을 구입할 때, 협정이 있다는 것에 '엥!? 왠 협정?' 하고 생각했다고 해도, 그 덕에 자기의 주거환경이 지켜지고 있다고 하는 것을 실제로 살아 가면서 느끼고 있는 것이다. 가격이 점점 오를 것을 기대하고 부동산을 가지고 있는 것이 아니라면 쾌적한 환경에서 사는 것이 좋다. 따라서 이 숫자는 앞으로 더욱 높아질 것임에 틀림없다.

좀더 자세하게 살펴보자. 주택지에 따라 평가가 다르다는 것을 알 수 있다. 좋은 경관에 대해서 보면, 좋은 주거환경이 있는 곳은 경관에 대한 평가가 높다. 그리고 그곳에서는 협정에 대한 평가도 높다. 어떤 동네든지 협정만 있으면 다 좋다는 것이 아니다. 지키려고 하는 것이 필요한 것이다.

좋은 경관의 주택지에서는 눈 앞에 보이는 것에서 매력을 느끼기 때문에, 그것을 지키기 위해 그 의의를 몸으로 느끼는 것이다.

협정은 정말로 효과가 있는가?

협정이 정말로 효과가 있을까? 세 가지 효과가 있다.

첫번째 효과는, 규정이 있으면 그것을 지키게 된다는 것이다. 규정으로 정해놓은 항목은 지켜지기 쉽다. 참고로 말하자면, 협정

내용을 위반하면 민사재판에서 다투게 된다. 곧바로 어떠한 벌칙이 주어지는 것은 아니지만, 규정이 있다면 사람들은 그것을 지키려고 한다.

두번째 효과는 파급효과다. 규정이 있는 주택지의 거주자는 '뭔지 잘은 모르겠지만, 우리 주택지는 녹지를 만들거나, 좋은 주택지로 만들자라고 하는 것에 적극적이야' 라는 생각을 하고 그것을 이해하게 되어, 규정으로 정해져 있지 않은 것에 대해서도 적극적이게 된다. 예를 들면, 꽃과 나무로 현관 주위를 장식하는 등, 경관에 공헌하는 태도를 보이고 있다.

덧붙이자면, '지금의 경관이 좋으니까, 이것을 모두가 지키자' 라고 하는 것에는 협정이 매우 효과적이지만, 아무것도 없는 공터가 떡 하니 있다고 '자, 규정을 만들었으니까, 이대로 모두가 지킵시다' 라고 해서는, 목표로 한 이미지가 보이지 않아서 좀처럼 효과를 얻을 수 없다.

규정이 중요한 게 아니다. 중요한 것은 과정!

세번째가 과정의 공유다. 이것이 지구계획과는 다른 점이다. 지구계획과 건축협정, 알기 쉽게 말하면 둘 다 비슷한 내용을 정할 수 있다. 역할도 거의 같다. 커다란 차이는 운영이 다르다는 것이다. 건축협정은 주민끼리 채결하는, 어디까지나 주민을 위한 주민에 의한 규정이기 때문에, 위반자가 생겨도 자기들이 어떻게든 한다. 위반자에게 시정을 요구할지, 그냥 관두고 재판으로 가져갈지에 관해서도 주민들이 정한다. 한편, 지구계획은 주민의 의향을 들어서 행정이 결정하는 것이다. 따라서 운영도 행정이 한다. 벌칙도 행정이 집행한다.

어느 쪽에 효과가 있을까? 경우에 따라 달라진다.

지구계획이 책정되면, 주민들은 모두가 그 내용만을 확실하게 지킨다. 왜 그 규정이 있는가를 이해하지 않고, 그냥 규정의 내용을 지키는 것이다. 따라서 규정이 정하고 있지 않은 항목은 어지럽혀진다. 그리고 문제가 생기면 행정에 통보한다. 문제해결 타인 의존형이 되기 쉽다.

지구계획이 책정되어 있는 경우, 건축주는 건축물을 짓기 위해 관청에 건축확인신청을 한다. 그럼 해당 관청은 그 건물이 지구계획에 맞게 계획되어 있는가를 확인한다. 따라서 지구계획을 위반한 건물이 등장하기 어렵게 되어 있다.

한편, 건축협정은 자기들이 스스로 운영하지 않으면 안 된다. 그렇기 때문에, '건축협정이 있어요!' 라고 말만 하는, 즉 이름만 있을 뿐 전혀 아무것도 하지 않는 운영위원회도 있고, 도면의 심사와 지도指導, 위반자에 대한 지도·유도 등, 극히 세세한 것까지 운영하고 있는 곳도 있다.

그러나, 어려운 것은 주민에 의한, 주민을 위한 자치다. '왜 내가 너한테 내 재산권을 제한받아야만 하는가, 왜 전문가도 아닌 너한테 이런 저런 말을 듣지 않으면 안 되는가'라고 말하는 경우다.

열심히 하는 곳도 있다. 지바 현에 있는 마츠가오카松ヶ丘 지역은 약 40년 전에 조성된 주택지로, 이 주택지에서는 오랜 기간 불문율에 의해서 도시경관이 유지되어 왔다. 그러나, 1993년에 한 구획의 부지가 2개로 분할되어서 매매되었다. 이 부지분할에 의해, 주민들은 부지의 세분화를 포함하여 지역환경의 악화를 걱정하지 않을 수 없게 되었고, 양호한 주거환경을 지키고 가꾸기 위해서 건축협정을 채결하게 되었다. 지바 현에서 처음으로 이루어진 주민발의형住民發意型 건축협정으로, 건축협정의 운영은 건축협정 운영위원회에서 하고 있다그림 64.

건축협정채결구역 내에서 신축·증축·개축을 하고자 하는 주민은 운영위원회에 입면도·배치도·건축개요 등을 제출한다. 위원회에서는 건축협정 체크시트를 사용해서 사전에 건물을 체크한다. 그리고 위원회의 허가서를 붙여서 시市에 건축확인신청을 한다. 이와 같은 과정에서 때로는 위원회가 건축주에게 경고나 지도를 하게 되는 경우도 있다. 한 위원장은 '그러면, 거꾸로 경고나 지도를 받은 주민이 집으로 찾아와서 불만을 이야기하고 화를 내는 경우도 있어요'라고 이야기해 주면서 웃으신다.

미국에서는 프로 건축가를 고용하여 건축협정을 운영하고 있다. 그런데 건축가는 익명이다. 직접 불만을 말하는 사람들이나 교섭을 하고자 하는 사람들을 피하기 위해서다. 그리고 협정운영위원회의 역할까지 하는 주택소유자조합Home Owners Association, HOA 건축위원회가 허가하지 않은 것은, 행정에서도 건축을 허가하지 않는다148쪽을 참조.

중요한 것은 행간(行間)을 이해하는 것

규정을 지키기 위해서 살고 있는 것은 아니다. 쾌적하게 살기 위해서 규정을 지키는 것이다. 그러면, 규정은 무엇을 위해 필요한 것인가? 주민이 그것을 이해하는 것은 매우 중요하다. 규정에 쓰여 있는 것은 쾌적하게 살아가기 위한 극히 일부분의 예인 것이다. 모든 행위가 쓰여 있는 것이 아니라는 것이다. 따라서 행간의 이해가 중요하다. 줄 사이의 빈틈을 이용해서 자기 마음대로 하는 것이 아니라, 줄 사이를 채우는 작업을 주민 스스로가 자발적으로 하는 것이 필요하다.

그래서 나는 건축협정에 동경을 가지고 있다. 협정을 운영할 수 있는 국민이고 싶다. 뭐든지 간에 불만만 생기면 행정에 말하고 뭐든지 해달라고 하는, 그런 태도로는 결코 좋은 주택지를 만들 수 없다. 국가와 지자체가 거액의 빚을 지고 있는 가운데, 우리가 지금 목표로 하고 있는 행정의 조직, 재정면의 간소화, 효율화, 기능의 슬림화라고 하는 '작은 정부'에도 역행한다. 시대의 변화를 보아가면서 협정의 내용을 변경하고 갱신한다. 그러한 흐름이 도시계획의 힘인 것이다.

알고는 있어도, 때때로 수단에 눈이 멀어 목적이 보이지 않게 되는 경우가 있다. 그렇기 때문에, 도시계획의 목표를 간판으로 만들어서 거리에 내걸어놓는 것이 좋다. 모든 이가 규정의 존재와 의미를 잊지 않도록 한다.

(1) 부지분할의 금지
　　※ 단, 특별한 사정이 있으며, 다음의 조건에 적합하고 운영위원회가 인정한 경우에는 분할할 수 있다.
　　① 부지의 분할은 대체로 2분할
　　② 건물의 용적률은 90% 이하
(2) 건물은 1구획에 1호의 전용주택(2세대 동거주택을 포함)으로 한다.
　　※ 차고는 높이 3m 이하, 연면적 36m² 이내의 것은 포함하지 않는다. 물건의 적치는 높이 2.3m 이하, 연면적 5m² 이내의 것은 포함하지 않는다.
(3) 건물의 높이는 9m 이하, 처마의 높이는 6.5m 이하로 한다.
(4) 건물 외벽의 후퇴거리는 인접부지 경계선에서 60cm 이상으로 한다.
　　※ 단, 다음에는 적용하지 않는다.
　　① 운영위원회에 신청서를 제출하여, 단서의 인정을 받은 건축물
　　② 문 또는 담
　　③ 벽면에서 나온 정도가 50cm 이하, 바닥에서 높이 50cm 이상의 돌출창으로, 동일벽면의 돌출창의 합계의 길이가 3m 이하인 것.

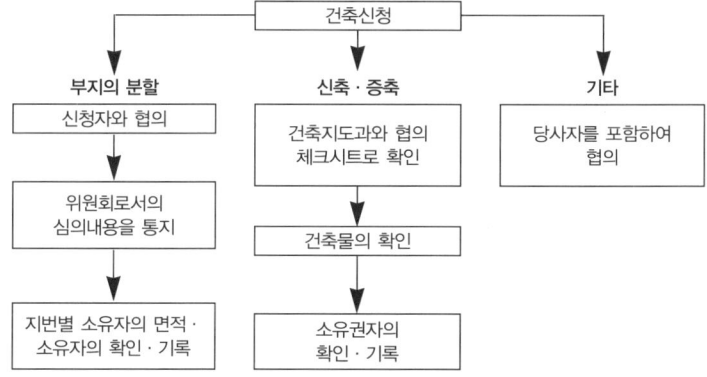

그림 6-4. 마츠가오카 지구의 건축협정과 운영 매뉴얼

 칼 럼
건축협정의 구조와 활용

내가 관심 깊게 보고 있는 것은 건축협정의 사회적 위상이다. 협정은 민법상의 계약이라고 풀이되고 있다. 그렇다고 한다면, 개인 대 개인의 문제로 공적公的인 것은 아니다. 그러나, 절차 상 행정청에 인가신청, 공고, 공람을 거쳐서 인가된다. 이런 공법적 절차를 거치기 때문에 단순한 임의의 민법상의 계약과는 다르다. 협정채결 후에는, 토지에 부수되는 권리가 되어 다음 소유자에게도 효력이 미친다. 처음에는 개인의 의사결정이었다고 해도, 공적인 절차를 거침으로써 사회화되는 구조를 가지고 있다. 이런 방식이 다른 경우에도 쓰일 수 있을 것 같다는 생각이 든다.

예를 들면, 미국에서는 건축협정의 내용은 계약조항으로서 토지에 부수되는 권리가 된다. 그리고 그 외에도 계약조항에는 협정을 운영하기 위하여 그 지구에 관리조합을 둘 것, 토지의 구입자·이용자는 그 조합의 구성원이 될 것과 같은 내용이 명시된다. 또한 건축협정이나 관리조합이 있다는 것은 토지구입자뿐만이 아니라, 구입 희망자·예정자에게도 중요한 정보가 되기 때문에, 군郡에 등록되어 누구든지 볼 수 있도록 되어 있다. 즉, 건축협정을 지키는 것과 관리조합의 구성원이 되는 것은 토지에 부수되는 의무라고도 말할 수 있으며, 반드시 다음 주택소유자에게도 이어

칼 럼

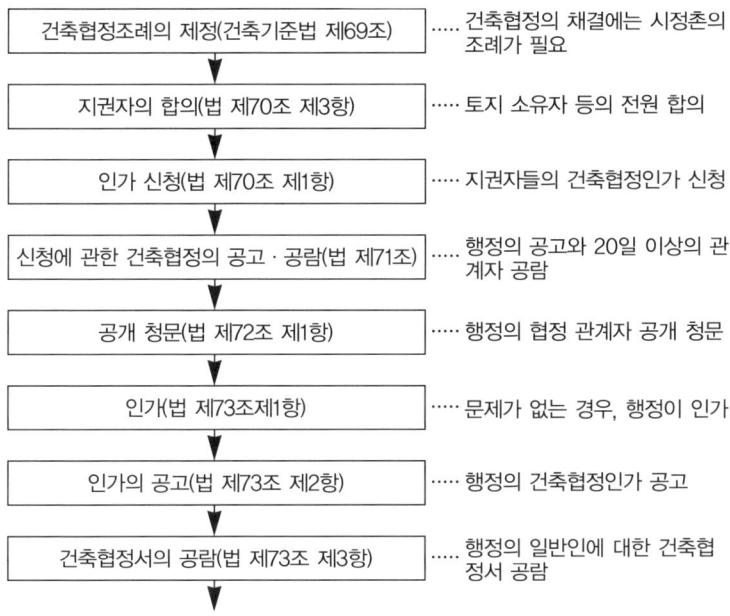

그림 6-5. 건축협정 인가의 흐름

진다.

　관리조합은 도로나 공원 등의 공공공간의 관리를 포함하여 여러 가지 공용시설의 유지·관리를 실시한다. 협정의 운영을 통해서 사유재산의 이용에 관해 조율하기도 한다. 특히, 사유부분이기는 하지만 외관에 영향을 미치는 건축·수선 등에 관한 제한권한을 가진다. 관리조합의 허가를 받지 못한 건축의 수선·건설·증축·개축 등은 허용되지 않는다.

이와 같이, 누구든지 토지의 이용에 관한 중요한 규정을 볼 수 있는 것, 그리고 그것을 운영하는 조합에 가입하는 것이 강제되어 그것이 다음 주택소유자에게도 반드시 이어지도록 하는 것, 즉 조합활동이 행정시책과 연동하는 구조가 우리에게도 필요하다.

이런 구조에서는, 현재 건축협정의 '공고 · 인가 · 공람' 제도를 이용하여, 사회적으로 인지된 규정은 토지에 부수된 것으로 한다 그림 65. 당연히, 그것을 운영하는 조합에 가입하는 것도 토지에 부수되는 권리로 해야 가능하게 되며, 그곳에 사는 주민이 주체가 되는 주거환경 만들기의 기반이 될 것이다.

협동조합(corporative) 방식을 살린
우량 전원주택(優良田園住宅)

홋카이도(北海道) 유니초(由仁町)

법률에 근거해서 우량 전원주택을 만들 수 있는 제도가 있다. '우량 전원주택 건설의 촉진에 관한 법률'이 1998년에 제정되었다. 농산촌 지역, 도시의 근교, 그 외의 양호한 자연적 환경을 형성하고 있는 지역에 소재하는 단독주택으로, 부지면적 300㎡ 이상, 건폐율 30% 이하, 용적률 50% 이하, 층수가 3층 이하인 것이 해당된다.

광대한 토지에 넉넉하게 지어진 주택

여기에서는 그 중의 하나인, 홋카이도의 유니초의 사례를 소개하려고 한다.

유니초는 황폐해질 우려가 있는 농지를 택지로 만들어 과소현상이 이어지는 농촌지역에 사람들의 거주를 촉진시키고 지역을 활성화시킬 목적으로, 우량 전원도시 주택의 공급을 추진하기 시작하였다. 해당 관청町은 1998년에 기본방침을 만들어 다음 해 발표하였으며, 택지의 희망자를 모집하기 시작했다. 홋카이도 이외의 지역에서 올 사람들의 거주도 예상하여 다양한 지역에서 전입해 오는 사람들의 커뮤니티 형성, 나아가 지역과 새로운 주택지 거주자의 커뮤니티의 형성을 고려하여, 택지구입 희망자가 모두 모여서 택지와 도로의 형태를 정하는 협동조합 방식으로 주택지 개발이 추진되었다.

1만 8,800㎡를 10구획으로 분양하였다. 설명회에는 250개의 단체가 참가하여, 145건이 응모되었다. 그렇게 인기가 높았던 주택지를 한 번 보고자 홋카이도로 가서 거주자들에게 이야기를 들어보았다.

당선된 것은 10건이었으나, 추진하는 과정에서 토지의 크기가 부정확하거나 지반이 약하거나 하는 등의 이유로, 실제 택지로 조성할 수 있었던 토지는 그 보다 적어졌다고 한다. 2건은 2기 모집으로 미루어지게 되었으며, 1기 주택지 계획은 8건으로 시작했다고 한다. 8건의 주택이 완성된 후에는, 서로의 집으로 놀러가거나,

홋카이도 유니초에는 60대의 주민이 많다.

지반이 약한 곳을 모두가 함께 사용하는 농지로 하였다.

같이 식사를 하거나, 수확물을 나누거나 하며 주민교류가 활발히 이루어지고 있다. 문제가 되었던 지반이 약한 토지는, 현재 택지가 아니라 농지로서, 모두가 사용하고 있다. 도로는 해당 관청에 이관하였으나, 농지와 광장은 모두의 재산이다.

그런데 더 굉장한 재산을 발견할 수 있었다. 바로 일본판 내셔널 트러스트National Trust다. 이 주택지에 인접해 있는 동산이 있는데, 약 9,000m²2,800평의 산을 이 8명이 샀다고 한다. 이것은 당초 계획에는 없던 것이다. 주민이 주택지계획을 추진하는 중에 인접한 산의 존재를 크게 느꼈기 때문이다.

특별하게 관리조합 등을 만들지는 않았으나, 1년을 임기로 하는 반장과 부반장, 그리고 관리담당자를 정하여 주거환경 만들기에 임하고 있다고 한다. 한 사람이 반장을 오랫동안 계속하면 1인 체제가 된다. 그것을 아파트 관리에서 느꼈다고 한다. 필요한 돈은 그때그때 모을 것, 그리고 그 외에 생활, 관리, 이용 등에 관하여 결정한 내용을 문장으로 만들어서 규정을 정해 놓았다.

현재 거주자는 60대가 중심이다. 살고 있는 사람이 주체가 되어 노인주택지구retirement community를 만들어 가고자 하는 것을 느꼈다. 여기에는 주어진 생활방식으로서의 테마가 아니라, 사람들의 생활 안에서부터 테마가 만들어지고 있는 것 같았다.

얼마 전에는 거주자분들이 가을이 되어서 벼 베기를 하였다는 내용의 편지를 보내왔다.

각 부지 내의 밭

모두가 함께 구입한 잡목림

7. 관리조합은 주택지의 가치를 높인다

이제 겨우 관리조합에서 탈출했는데, 또?

"마에다前田 씨, 무슨 일이에요? 왠지 얼굴이 어두운데요?"

"사실은, 아파트에서 이사장이 됐어요. '마에다 씨, 마에다 씨 순서에요, 다음 이사장을 부탁드릴게요. 모두 순서대로 하고 있어요. 어려운 건 아무것도 없어요' 라고 해서, 그냥 아무 생각 없이 모임에 나갔다가 이사장이 되어버렸어요. 그런데, 역시 잘 모르는 게 너무 많아서, 별로 맘이 편하지가 않아요. 느닷없이 다른 단지에 사는 어떤 사람이 찾아와서는 이게 자기 책임이냐고 따지고, 우리 단지 거주자도 찾아와서 이것도 자기 책임이냐고 따지기 일쑤고, 열심히 고민해서 결정을 했는데도 '자기 마음대로 정했다' 는 불만을 들었어요. 어디로 도망가버리고 싶어요 ······."

진짜로 도망을 가버린 마에다 씨. 관리조합이 싫어서 단독주택을 사고 말았다. 그런데, 이 단독주택지에도 관리조합이 있었던 것이다. 관리조합이라고 하면, 아파트의 관리조합과 같은 것인가. 귀찮을 것 같다. 싫다. 싫다고!!

이렇게 생각하고 있었다면 그건 옛날 이야기다. 단독주택지에서도 관리조합은 이렇게 활약을 하고 있다.

단독주택지에 관리조합?

　단독주택지를 매력적으로 만들었다. 여기까지 와서 새삼스럽게 다른 동네와 똑같이 만들 수는 없다. 여기에는 테니스 코트도 있고, 스포츠 클럽, 클럽 하우스도 있다. 물론 '우리의 장소'로 해놓은 도로와 광장도 있다. 클럽 하우스에서는 너무 너무 즐거운 도예교실, 요리교실, 그리고 농원이 있다. 그러나, 이렇게 매력적으로 만들기는 했는데, 누가 이것을 관리할 것인가?

　그렇다. 바로 그 때문에 관리조합을 만드는 것이다. 주택을 소유한 사람 전원이 참가하는 관리조합이다. 아파트에서와 같이 관리조합이라는 이름을 쓰고 있는 곳도 있지만, 아파트 관리조합의 이미지에서 탈피하고자 하여 커뮤니티협회 등의 명칭을 가지고 있는 곳도 있다. 혹은 예전처럼 주민회나 자치회로 되어 있는 곳도 있다. 명칭은 여러 가지가 사용되고 있지만 주택소유자 전원이 참가하여 주거환경을 관리하고 관리비를 모아서 운영한다. 이런 조직에 대한 이야기다. 왜 만들어지는 것일까?

　이유는, 크게 네 가지가 있다.

　첫번째는, '우리 장소', '우리 것'을 관리하기 위해서다. 소극적인 경우를 보면, 새로 설치한 오수처리 시설을 관리하는 조직으로 만들어지기도 하며, 동네의 방범 등이나 마을회관을 주민이 직접 소유하고 관리하기 위한 것도 있다. 이런 수준에서는 자치회로도 괜찮다.

그러나, 도로나 광장을 '우리 장소'로 만들었다. 너무 매력적이라, 시市로서는 그것을 인수하여 책임지고 관리하는 것이 불가능하다. 이런 경우, 모두가 함께 관리하기 위해 관리조합이 만들어진다. 또한 '우리 장소'인 도로나 광장을 일단 시가 인수하고, 관리만은 주민들에게 요구하는 경우에도 마찬가지다.

두번째 이유는, 이 매력적인 도로와 광장, 마을회관, 테니스 코트 등을 소유하기 위해서다. 물론, 전원이 공유하는 것도 좋다. 그러나, 천 명의 사람이 공유하는 것은 조금 귀찮기는 하다. 실제로 일본의 부동산 소유제도가 거기까지 되어 있지는 않다. 아파트의 경우, 집을 사면 빠짐없이 공용부분의 소유권리가 따라오는 부동산 등기제도가 만들어져 있다. 그러나, 아파트 이외에 대해서는 이런 장치가 없다. 예를 들어서, 집이 천 채가 있는 단독주택지에서 모두가 광장을 가지고 있다고 하자. 집의 매매에 따라 자연스럽게 이 광장의 소유권이 연동되는 장치가 없는 것이다. 집을 팔았는데도 왠지 광장의 소유권을 가지고 있는 사람이 있으며, 왠지 고정자산세를 내고 있는 사람도 있다. 아주 번잡해진다. 바로 그런 것을 피하기 위해서 관리조합을 만들어, 관리조합이 소유하도록 하는 것이다.

즉, 집 천 채를 합쳐놓았다는 의미를 주어서, 대외적으로 인격을 가지도록 하기 위함이다.

세번째는, 각 집의 정원을 공동으로 관리하기 위한 관리조합이 있다. 외관의 손질은 한꺼번에 하지 않으면 효과가 낮다. 소독·가지치기 등을 공동으로 하기 위한 조합도 있다.

네번째는, 여기에 살면 이렇게 멋진 공동체 생활을 즐길 수 있다는 것을 보증하기 위함이다. 모두가 함께 팀을 이루어 공동체 생활을 즐기자. 그런 것을 위한 조합도 있다.

즉, 다른 주택지에는 없는 매력을 유지하기 위한 조직이다.

실제로 찾아가 보자

현실에서는 다양한 형식의 관리조합이 계속 생겨나고 있다. 특히 최근에는, 앞에서 이야기한 기능 이외에 주로 '보다 편리하고 쾌적한 생활을 위한 서비스나 정보의 제공'과 '협정운영 등에 의한 각 주택의 증축이나 개축을 제한'하는 기능을 가지는 것이 늘어나고 있다.

관리조직이 있는 주택지를 실제로 찾아가 보자.

첫번째 사례는, 요코하마 시에 있는 '요코하마 녹원도시橫浜綠園 都市'다.

요코하마 녹원도시에서는 아름다운 경관과 양호한 주거환경을 보전하기 위해서 개발사업자가 신규분양을 할 때부터 새로운 형태의 관리조직을 만들었다. 녹원도시 커뮤니티협회Ryokuentoshi

Community Association, RCA라고 불리고 있다.

RCA는 개발사업자가 정한 도시계획헌장에 근거하여 주택지 내의 쾌적하고 안전한 거주환경의 확보와 주민 상호 간의 사회적·경제적 지위향상을 목표로 하고 있다. 조직은 정회원거주하는 세대 및 점포 등의 사업자과 특별회원개발사업자과 준회원부동산 소유자으로 구성된다. 거주하는 세대 중에 약 90%가 가입하고 있다. 그리고 자치회는 별도로 존재한다.

구체적인 활동은 그림 7-1의 항목과 같으며 적극적으로 문화활동을 하고 있는데, 거주자의 참가활동은 'CATV 등의 단체이용 계약', '수목과 꽃의 배포', '홍보지의 발행', '공동청소' 등이 많고, '인터내셔널 살롱' 자매도시 래드번(Radbum) 등 세계 각국의 다양한 생활을 듣는 기회를 만들고 있다, '래드번 협회와의 교류', '그린 뱅크주택지 내에서 나무나 꽃을 받고 싶은 사람과 주고 싶은 사람을 중개해주는 역할을 하여 나무와 꽃 등을 리사이클하는 제도' 등에 참가하거나 이용하는 사람들은 적다.

조직의 운영을 보면, 중요한 사항에 대해서는 1년에 한 번 열리는 총회에서 결정한다. 그리고 집행기관으로 이사회와 전문위원회가 있다. 거주자는 매달 한 집에 200엔을 관리운영비로 부담하고 있다.

두번째 사례는, 이바라키 현茨城縣의 '류가사키 뉴타운 신세기마을龍ヶ崎ニュータウン 新世紀邑'이다.

보는 눈을 바꾸면, 풍요로운 생활이 보인다

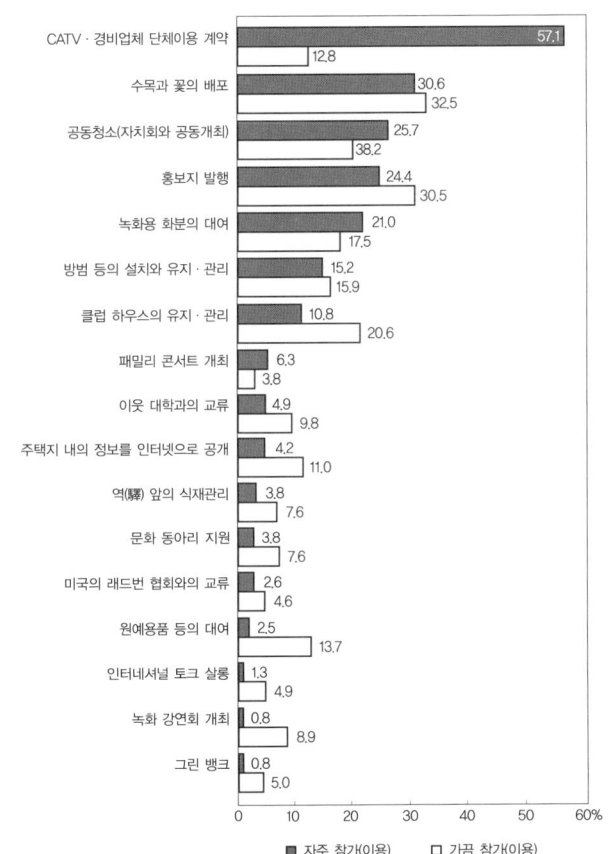

그림 7-1. RCA에서는 다채로운 활동이 이루어지고 있다.
2001년 11월 요코하마 시에서 단독주택 417채를 대상으로 조사한 결과.

RCA가 손질하는 역 앞의 화단(요코하마 녹원도시)

RCA가 빌려주는 화분(요코하마 녹원도시)

보는 눈을 바꾸면, 풍요로운 생활이 보인다

류가사키 뉴타운의 클럽 하우스.

류가사키 뉴타운의 클럽 하우스 풍경(도예교실 개최 중).

새로운 교외생활을 실현하는 주거환경과 주거생활 만들기를 콘셉트로 하여, 거주자는 커뮤니티협회에 들어가 취미를 통한 교류시설로 커뮤니티 컬처클럽을 운영한다. 클럽 하우스 앞에는 널따란 공동의 농원이 펼쳐져 있으며, 주변 농가에 사는 사람이 작물을 만드는 법을 가르쳐 준다. 생활의 테마를 공유하고자 하기 때문이다.

세번째 사례는, '그린테라스 시로야마' 다.

그린테라스 시로야마는 주택 100채의 주택지다. 관리조합이 있으며 관리규약에 근거하여 모두가 함께 사용하는 장소와 토지 및 녹지를 관리하고 있다. 모두가 함께 소유하는 주차장은 임대 주차장으로 하여 그 임대료로 주택지 전체의 녹지를 관리한다.

네번째는, '파크플레이스 오이타 공원길パークプレイス大分公園通り' 이다.

오이타 시大分市에 있는 이 주택지에는 중심부를 달리는 1.6km의 순환형 간선도로가 있다. 그 양측에 폭 40m의 그린벨트가 둘러쳐져 있으며 400m마다 매력적인 정원이 있다. 이 장대한 그린벨트와 정원은 행정에 이관되지 않고, 주민 1,600채로 구성된 관리조합이 소유하여 관리한다. 과연, 이관을 전제로 하지 않은 것인 만큼 정말 감탄할 만하다.

파크플레이스 오이타 공원길의 풍요로운 그린벨트와 정원

단독주택지의 관리조합은 3+1의 융합

단독주택지의 관리조합은 3+1의 틀로 흘러간다.

하나는, 자치회의 흐름이다. 또 하나는 아파트 관리조합의 흐름이다. 세번째는 교외주택지 클럽의 흐름이다. 그리고 마지막은, 미국의 주택소유자조합인 HOA Home Owner's Association의 흐름이다.

각각의 기능, 의의와 동향을 알아보자.

① 자치회 · 마을회의

자치회, 마을회의로 불리는 지역조직이 있다. 그 역사는 에도江戶 시대의 '5인조 제도五人組制度' 까지 거슬러 올라간다. 이 제도의 기원은 중국 당唐 시대의 '5보 제도五保制度' 에 있다고 하기도 하는

데, 천 년의 역사를 가지고 있다고 할 수 있다. 일본의 5인조 제도는 도요토미 히데요시豊臣秀吉 시대에, 농민에게 연대책임을 지우고 통제하기 위한 것이었으며, 농민의 상호부조 시스템이기도 하였다.

메이지明治 시대에 들어 5인조 제도는 폐지되었으나, 메이지 말기에 지방에서부터 근린조직의 부활운동이 일어나게 된다. 도시부都市部에서도 예를 들면, 관동대지진을 경험하고 지역의 소화나 방재를 위해, 고베에서는 마을의 분뇨처리 등 위생에 관한 조치 등을 목적으로 '마을회의'가 생겨나게 된다.

이러한 상황에서 1940년에는 '마을회의 부락회 정비령町內會部落會整備令'의 법제화에 의해 시정촌의 말단기구로 자리잡게 되었으며, 전쟁수행의 일익을 담당하게 되었다. 이후 1945년 종전 시에 해산명령이 내려져 공적으로는 그 모습을 감추게 된다. 그러나 1952년에 평화조약이 발효됨에 따라 지역의 자치기능을 지닌 '자치회'로 다시 부활하게 되었다.

마을회의나 자치회, 그리고 지역에 따라서는 마을모임 등으로 불리는 이들 지역조직은, 이러한 운명을 따라서 오늘에 이르고 있다. 마을회의와 자치회는 긴 역사를 지닌만큼 기능이 저하되고 있다는 지적을 받기도 하였지만 거의 대부분의 지역에서 운영되고 있으며, 주로 '생활관리 기능'을 담당하고 있다. 마을회관의 유지·운영 등과 같은 '공간관리 기능', 협정운영 등의 '이해조절

자치기능', 그리고 마을회의 안에 자원봉사단을 조직하여 고령화에 대응하는 등의 활동도 보이고 있다.

옛날부터 있어왔기 때문에, 활동이 점차 내용은 없어지고 형태만 남아서, 행정이 넘겨준 것을 배부하거나 모금을 하는, 마치 행정의 하청과 같은 일밖에 하지 않는 조직도 있다. 그런 반면, 적극적인 곳에서는 도시계획 전반에 관여하면서, 도시계획의 관한 자주협정을 만들고 실천하고 있다. 혹은, 고령화 문제에 적극적으로 대처하는 등, 행정과 시장에서는 얻을 수 없는 것을 위해 노력하고 있는 사례도 있다.

② 관리조합

아파트라고 불리는 구분소유형 집합주택에서는 반드시 관리조합을 만들게 되어 있다. '건물의 구분소유 등에 관한 법률구분소유법'이라는 법률에 의해 정해져 있다. 이 법률 제3조에는, 구분소유의 건물에서는 건물이 구분소유가 된 순간부터, 관리를 하기 위한 단체, 통상 관리조합이라고 불리는 것이 존재하고, 거기에 건물의 소유자구분소유자 전원이 가입하여야 한다고 하는 내용이 명기되어 있다. 구분소유자는 미국이나 영국, 아니면 태국에 갔다고 해도, 여전히 조합의 구성원이다. 자기가 싫다고 해서 조합에 들어가지 않는 것도 불가능하다. 이 부분이 마을회의나 자치회와는 크게 다른 점이다.

관리조합은 공동으로 사용하는 복도, 계단, 엘리베이터, 아파트

외벽, 옥상, 주차장, 마을회관, 자전거 보관소 등과 같은 공용공간을 유지·관리·운영한다. 공동생활에서 발생할 수 있는 충돌을 미연에 방지하기 위하여 규정을 만들고 지키도록 계발활동을 한다. 물론, 각 집의 리폼도 조율한다. 각 집의 사용·이용 방법을 조율함으로써 공동의 이익을 지키는 것이 관리조합의 역할이다.

최근, 아파트 관리조합의 활동이 활발하다. 고령자를 위한 식사 모임을 개최하거나, 물건을 대여해 주는 곳이 많다. 원래는 아파트 축제행사 때 사용하던 아이스박스, 바비큐 용품, 캠핑 테이블, 텐트 등을 빌려주기 위해 시작된 곳도 있다. 물건을 쓰지 않을 때, 유효하게 이용하고자 하는 것이다. 자전거, 휠체어, 방문자용 주차장, 운반차, 공구 세트, 창문청소 용구, 대차䑓車, 자전거 공기주입기 등 뭐든지 빌려주고 있다. 그리고 바자회, 떡 치기, 버스 투어, 운동회, 바비큐 파티, 옥상 맥주 모임, 불꽃놀이, 달맞이, 정원 파티, 경로회, 테니스 대회, 바둑 대회, 소프트 배구 대회, 소프트볼 대회, 등산, 미니축구 대회, 골프 대회, 다과 모임, 미니 콘서트, 방재훈련, 군고구마 축제, 칠석 축제, 농지를 빌려서 하는 밭 만들기 체험 등등, 관리조합의 활동은 다양하다.

방범활동으로서 1주일에 3번, 모든 거주자가 서너 명씩 짝을 지어 순서대로 방재·방범을 위하여 동네를 순찰하는 곳도 있다. 또한, 아파트 내에서 인사하기 운동도 활발하다. 아파트에서 만난 사람들은 '안녕하세요?', '다녀오세요.', '다녀오셨어요?', '이제

오세요?', '날씨가 좀 춥네요.' 등, 서로 먼저 말을 건네고 있다.

아파트에서 생활하는 것을 즐기자고 하는 활동이다.

③ 클럽

세번째 흐름은, 예전 교외주택지 클럽이다. 메이지 시대에 만들어진 오사카 부大阪府 이케다 시池田市의 이케다무로마치 주택池田室町住宅에는 회사 직영의 구매조합, 오락시설인 클럽이 있었다. 1층에 당구대, 2층에는 60㎡ 정도의 커다란 방, 전화, 바둑, 장기판이 갖추어져 있었다. 낮에는 부인들을 위한 사교의 장과 가정주부들의 모임이 이루어졌으며, 그밖에도 바둑이나 당구 등, 거주자들의 폭넓은 교류활동의 거점이 되었다.[1)]

다이쇼大正 시대에 주민조합을 조직하고 새로운 커뮤니티 만들기를 목표로 했던 주택지, 야마토무라大和鄉, 현재의 도쿄 도 스가모(巢鴨)부터 고마고메(駒込)까지의 지역에서도 클럽 하우스를 중심으로 한 자치활동과 주민의 자주경영이 있었다. 클럽 하우스 1층에는 사무소, 2층에는 집회소·식당·장기실·바둑실·담화실이 마련되어, 주택지의 방범·방재, 치안을 포함하여 지역교육에 관한 이야기를 나누거나, 가끔은 영화회나 마술쇼 등이 열리기도 했다[2)]. 1920년대 후반기에 만들어진 주택지에서도 생활에 필요한 시설로서 클럽 하우스나 유치원, 농원경영 등이 주민조직이나 분양회사에 의해서 운영되고 있었다.

시장과 행정서비스의 손이 닿지 않는 것을 주민들이 스스로 관리·운영하고 있었던 것이다.

④ 주택소유자조합

마지막으로 추가할 것은, 미국의 주택소유자조합이다. 전문적인 건축협정위원회를 새롭게 만들어서 건축협정을 운영하는 것이 아니라, 일부러 관리조합을 만들어서 하는 것이다. '각 집의 정원손질을 모두가 함께 하자. 이것도 관리조합의 역할이다' 라고 하는 것이 미국의 흐름이다.

미국의 주택지에는 다양한 공동시설이 존재한다. 인공 호수, 인공 해변, 비치발리볼 코트, 비치 클럽, 풀장, 온천, 바비큐 광장, 조깅 코스, 소프트볼 코트, 테니스 코트, 옥외 극장, 커뮤니티 파크, 골프장, 그린벨트, 산책로 등, 이것을 관리하는 것이 주택소유자조합이다.

조합의 역할은 단지 공용시설의 유지나 운영 관리만이 아니다. 새로운 공동의 공간을 만들어낸다. 그것은 사유공간을 조율하는 것이다. 제멋대로 하는 증축과 개축은 주거환경을 악화시킨다. 따라서 잔디를 손질하지 않는 사람, 주택을 수선하지 않는 사람은 그냥 놔둘 수 없다. 내집만이 아니라, 이웃집의 상태가 나의 주거환경에 커다란 영향을 미치기 때문이다. 그래서, 주택지 내 각 주택의 적정한 유지, 수선과 재건축 등도 모두 조합의 지도·허가 아래에서 이루어진다.

사람들의 이사가 많고 유동성이 높은 미국에서는, 자기들 주택

보는 눈을 바꾸면, 풍요로운 생활이 보인다 177

미국의 주택지. 매력을 만들기 위해 만들어진 인공호

미국의 주택지. 수영장과 테니스 코트 등의 시설도 있다.

지의 부동산 가치를 떨어뜨리지 않는 것이 중요하기 때문에, 부동산 가격에 커다란 영향을 미치는 주거환경 관리에 대해서 관심이 높다. 우리처럼 '단독주택'이 '인생의 목표'가 아니다. 그 때문에 항상 각각의 집을 적정하게 유지·관리하는 것에서 생겨나는 주거환경을 공동의 공간으로 관리하고 있다. 정원의 공동관리는 당연한 것이다.

조합이 책임을 지고 공공시설을 관리한다는 것이 전제가 되어 개발사업자의 개발이 허가되는 것이다. 풍요로운 공용시설, 도로나 공원들의 관리를 어떻게 할 것인가는, 항상 조합이 행정과 교섭하면서 결정한다. 그리고 조합의 허가가 없는 각 집의 건축신청은 행정이 허가하지 않는다. 이렇게 해서 조합은 개인과 행정을 연결하는 역할을 하게 된다.

미국의 교외주택지에서는 여기에 산다면 어떤 커뮤니티 생활을 할 수 있는가가 부동산의 중요한 가치가 된다. 다양한 레크리에이션을 실행하는 것도 조합이다.

이와 같이 주택구입자나 거주자는 다른 주택지에는 없는 매력을 가지고 있는 주택지를 구입해서 적절하게 유지하고 관리하여, 부동산 가치를 유지·향상시키고 싶어한다. 개발사업자는 특색있는 주택지를 개발하고 싶어 한다. 주택지가 늘어남에 따라 행정이 제공해야 하는 서비스도로의 유지관리, 조명·가로수의 관리, 청소, 쓰레기 처리 등도 증가하지만, 행정은 그것을 가능한 한 적은 재정부담으로 제공하고 싶어 한다. 미국의 주택소유조합은 이와 같은 주택구입자·거주자, 개발사업자, 행정, 이렇게 3자의 요구에 의해서 발전해온 것이다.

관리조합에 대한 주민들의 평가는?

미국의 예를 보고 배워서, 일본에서도 그런 주택지를 만들었다. 관리를 모두 함께 하기 위해서 관리조합도 만들었다. 그런데, '관리조합이란 것은 모두가 싫어하는 것 아냐?', '이미 아파트에서 넌더리가 난다고 하는 사람도 있지 않을까?' 그럼, 살고 있는 사람들은 관리조합에 대해 어떻게 평가하고 있는가를 보자.

단독주택지에서 조사한 결과다. 관리조합을 만든다는 것을 처음 알았을 때, 거주자의 약 40%가 긍정적으로 평가하고 있었다. 그러면, '실제로 살아보면 어떻게 될까?' 긍정적인 평가는 약 60%로 높아진다그림 7-2.

같은 조사를, 수도권, 중부권, 관서권에서도 하였다. 그 결과, 똑

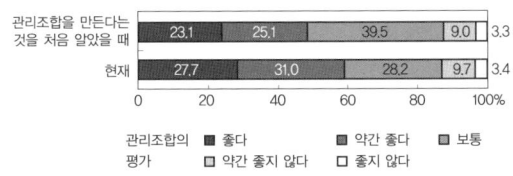

그림 7-2. 관리조합에 대한 평가는 높아진다.
1993~1998년 단독주택지 8곳의 704채를 대상으로 조사한 결과.

같은 경향이 나타났다. 나는 내가 겪어온 생활체험이나 연구들을 통해서, '관서지방에서는 개인의 재산이나 자유를 중요하게 생각하니까, 아마도 공유나 관리조합을 거부하지 않을까?' 하는 의구심을 가지고 있었다. 그러나 관서에서도 충분히, 관리조합은 받아들여지고 있었다.

　관리조합에 대한 거주자의 평가는, 살고 있는 사람들의 동네에 대한 평가나 관리조합에의 참가, 예를 들어 총회에의 참석, 임원의 경험 등에 의해 달라진다. 즉, 매력적인 주택지의 관리조합을 필요하다고 느끼고, 좋은 마을경관이 있는 것을 자랑스럽게 생각한다. 그리고 관리조합의 총회에 출석하는 것이나 임원에 취임하는 것에 의해서 조합의 의식을 이해하게 되고, 조합에 대해 높게 평가하는 경향이 있다. 살아가면서 관리조합의 의식을 이해하게 되면, '있어서 좋다'고 실감할 수 있다는 것이다.

좋은 주택지에는 관리조합이 있다
　미국에서 주택을 구입하는 사람이 중요하게 생각하는 것은 '입지'라고들 한다. 'location', 처음에는 그 의미를 잘 알지 못했다. 일본에서와 같이 편리한 교통을 나타내는 입지일 것이라고 생각했다. 그런데, location은 개인으로서는 만들 수 없는 주거환경이라는 것을 배웠으며, 결국에는 관리조합이라는 것을 알게 되었다.
　미국 사람은 자기 주택의 평가를 높이는 것에 관심이 아주 많은 것 같다. 책방에 가보면 『당신의 주택의 가치를 높이는 방법』이라는 책이 많이 늘어서 있다. 그 중 하나를 펼쳐보면 '이웃집의 가치를 높이자'는 장章이 있다. 내용은 HOA를 제대로 확실하게 운영하는 것이 중요하다는 것이다. 개발을 확실하게 컨트롤하고, 집 주위의 길을 말끔히 수선하고, 공원을 깨끗하게 하자는 등의 내용이 적혀 있다.

앞에 소개한 마에다 씨. 이제부터는 관리조합의 시대입니다. 열심히 관리조합의 활동을 지원하여 자기 주택지의 가치를 높입시다. 파이팅입니다. 마에다 씨.

1) 片木篤, 角野幸博, 藤谷陽悅 編 『近代日本の郊外住宅地』 鹿島出版社, 2000.
2) 山口廣 編 『郊外住宅地の系譜-東京の田園ユートピア』 鹿島出版社, 1987.

8. 오래된 주택지의 좋은 점은 지속성에 있다

오래된 주택의 매력

나는 지은 지 20년 된 아파트를 샀다. 아파트 관리를 연구하고 있는 사람으로서 봐야할 모든 신축 아파트를 보아 왔지만, 잠시 눈만 감으면 10년 후, 20년 후의 좋지 않은 모습이 떠오른다. 그렇게 신축만을 보아 오다가, 문득 무심코 눈에 띈 중고아파트가 있었다. 나는 한눈에 반했다.

그것은 지은 지 20년 된 아파트다. 나무들이 한껏 자라 있다. '우리는 이렇게 적절히 관리하고 있답니다. 나아가야 할 방향은 바로 이런 것입니다' 라고 말하는 듯, 확신에 찬 모습을 보여준다. 이런 믿음직한 아파트를 어떻게 지나칠 수가 있겠는가. 나는 거침 없이 뛰어들었다.

중고주택에는 값이 싸다는 매력이 있다. 그러나 나에게는 그것보다도 성숙한 주거환경이 매력적이었다. 사실, 나는 그곳에서 이미 사람들이 생활을 하고 있으며 사람들의 교류와 가치가 형성되어 오고 있다는 것에 마음을 빼앗겼다. 다시 말한다면, '이 동네는 이런 풍으로 살아가고자 하고 있는 거예요' 라고 하는 주거환경이

나아갈 방향을 읽을 수 있는 것이 중고주택을 구입하는 데 커다란 결정적인 이유가 되었다.

그리고 직접 아파트를 보고 관리체제를 읽을 수 있었다. 얼마나 확실하게 관리가 이루어지고 있는지를 알 수 있었다. 그래서 그 중고 아파트를 구입하기로 한 것이다.

오래되었기 때문에 매력이 있다는 것이 아니다

오래된 주택지기 때문에 매력이 있다는 것이 아니다. 거기에는 성숙한 주거환경과 그것을 유지하는 운영·관리 시스템이 갖추어져 있다. 그것이 매력이다. 그리고 그것을 좋게 평가하는 사람들이 서서히 늘어나고 있다. 내가 10여 년 동안 해온 단독주택지 거주자 설문조사에 의하면, 교통·상업시설·교육시설의 편리함보다도, 3채 정도의 이웃을 포함하는 정도, 혹은 지구地區 정도와 같은 가까운 주변의 주거환경에 대한 관심이 높아지고 있음을 알 수 있다.

예를 들어서, 계획적인 단독주택지에서 그것을 한번 살펴보자. 대상으로 하는 주택지는 모두 계획적으로 만들어진 단독주택지다. 도로가 잘 정비되어 있으며 기본적인 안전성은 확보되어 있다. 그런데 주택지에 대한 평가는 어떠할까? 일반적으로 거주연수가 오래된 주민일수록 주택에 대해 애착이 높으며 좋은 평가를 하고 있다. 이것은 사람들의 공간에 대한 생각이 깊어지고, 활동과 거기에서 얻어지는 만족의 증가라는 상호작용이 이루어지기 때문이다. 그러나 이와 같은 주민 측의 조건만이 아니라, 삶의 장이 되는 주거환경의 조건에 의해서도 달라지게 된다.

거주자가 매력을 느끼고 높게 평가하는 주택지에는 다음과 같은 네 가지 매력이 있다.

① 시각적 매력

첫번째는, 눈으로 봐서 아름다운, 바로 시각적 매력이다. 시각적 매력을 규정하는 것은 경관을 구성하는 요인의 조화, 거기에서 생겨나는 경관이다. 그렇지만 단독주택지의 경우는 외관을 만드는 방법, 특히 녹지가 매우 중요하다.

② 이용적 매력

두번째는, 사용하는 데 있어서의 즐거움, 즉 이용적 매력이다. 주위의 주거환경을 사용한다는 것은 무엇을 말하는 것인가? 예를 들면, 다섯 채의 집으로 둘러싸여 있는 광장이 있다고 하자. 소광장이라고 부르자. 소광장은 누가 뭐래도 그 다섯 집의 것이다. 담과 같은 물리적인 장애를 설치하지 않아도 불특정 다수의 사람은 이용하지 않는다. 다섯 집의 사람들은 안심하고, 광장에서 선 채로 이야기를 나누거나 수다를 떤다. 아이들은 거기에서 뛰놀고 어른들은 세차를 한다. 나무를 심고 손질한다. 잡초를 뽑는다. 꽃에 물을 준다. 어떤 때는 모두 같이 바비큐 파티를 한다. 막다른 길에도 똑같은 매력이 있다.

③ 경제적 매력

세번째는, 경제적 매력이다. 좋다는 것은 알고 있어도 그것이 경제적·효율적으로 손에 넣을 수 없는 것이라면 매력은 될 수 없다. 초기의 투자구입 금액도 크지만, 사실은 운영비용이 적정하다는 것도 중요하다. 운영비용·유지관리 비용이 높다면 그만큼 평가는 낮아진다.

더구나, '소유'의 의식이 약한 상황에서는 이용가치가 높고 시장성이 있을 것, 즉 다른 곳에는 없는 매력이 있어 중고전매력中古轉賣力이 높아야 할 필요가 있다.

④ 지속적 매력

네번째는, 지속적 매력이다. 장래에 대하여 큰 불안이 없다는 것이다. 사는 사람들은 지금만을 평가하지 않는다. 장래도 포함하여 평가를 하고 있는 것이다.

즉, 내가 느꼈던 매력이라는 것이 바로 이 지속적 매력이다.

오래되고 멋있는 주택지를 찾아가 보자

지금 도쿄 도에 있는 덴엔초후에 가면, 다른 곳과는 다른 주거환경을 한눈에 느낄 수 있다. 편안함을 주는 도로, 풍요로운 녹지, 매력적인 디자인의 역사驛舍와 로터리, 시간과 함께 성장하는 주택지라는 것이 느껴진다.

그러나 더 긴 기간의 매력이 있다. 일본에도 있지만 세계로 나가보아도 있다. 예를 들어, 전원도시라고 한다면, 세계적으로 그 제1호는 영국의 레치워스Letchworth다. 레치워스에 가보고 우리가 놀라는 것은 왜일까? 100년 전에 지어진 주택을 잘 관리하면서 살고 있는 사람들의 모습이다. 레치워스도 감격적이지만, 더욱 근사한 주택지가 영국의 리버풀Liverpool 근처에 있다고 한다. 한번 가보자.

바로 포트 선라이트Port Sunlight라는 곳이다. 여기는 1888년에 비누 공장주 레버W. H. Lever에 의해 건설되기 시작한 주택지다. 주택지 이외에도 공원, 운동장, 학교, 집회장, 옥외 풀, 야외극장, 기술자 양성소 등이 만들어졌다. 원래는 공장에서 일하는 사람들을 위하여 만들어진 주택지다.

내가 지금 100년 이상 사람들이 살아오고 있는 이 주택지를 보고 놀란 것은, 건물도 주거환경도 섹시하다는 것이다. 섹시하다는 것이 좀 이해하기 어려운 표현이기는 하지만, 디자인에 대한 섬세한 배려, 그리고 거기에서 나오는 매력을 보고 나도 모르게 섹시하다고 하고 싶어졌다. 서른 명 이상의 건축가에 의해 디자인된 집들, 100년이 지났어도 멋진 디자인임에 틀림 없다. 특히 정원이 아름답다.

이전에는 공장의 종업원만이 주택을 구입할 수 있었으나, 지금은 자유롭게 시장에서 주택을 거래할 수 있다고 한다. 그래서 근처의 부동산 가게 두 곳에 들러서 이야기를 들어보았다. 포트 선

레치워스. 100년 전에 지어진 주택에서 평온함이 느껴진다.

포트 선라이트. 아름다운 주택과 녹지는 100년이 넘었다. 정원은 공동재산이다.

라이트의 주택은 아주 인기가 높으며 팔려고 내놓는 집도 얼마 없다고 한다. 그리고 팔려고 내놓는 집이 생기면 바로 구입자가 나타난다고 한다.

관리는 트러스트가 맡고 있다. 주민은 년간 관리비로 1파운드밖에 내지 않는다. 트러스트는 주택지 내의 대략 4분의 1 정도의 주택을 소유하고 임대경영을 하면서 주거환경을 관리하고 있다. 너무나도 아름답고 다양한 이용시설이 있고, 시각적 매력과 이용적 매력이 있다. 또한 인기가 있어서 사고자 하는 사람이 바로 바로 생긴다고 하는 중고주택 시장이 있다. 그리고 관리비가 싸다는 것은 바로 경제적 매력인 것이다.

정원을 손질하고 있는 부인에게 말을 걸었다. 부인은 이 주택지에 대해 '아주 평화로와요!' 라고 하면서, 차와 쿠키를 내어주셨다.

이 지구地區는 보전지구로 지정되어 있다. 영국에서는 역사적인 환경을 보전하는 방법으로, 등록건조물(点)과 보전지구(面)의 두 가지 제도가 있다. 후자의 적용을 이 지구가 받고 있다. 1967년에 생긴 제도로 전국적인 통일된 기준은 없다. 지방계획당국이 독자적으로 지구지정을 할 수 있으며, 영국 전체에 9,000개의 지구가 있다고 한다. 덧붙이자면, 보전지구란 '건축적 또는 역사적으로 특히 중요한 지구로, 그 특질 또는 외관을 보전, 혹은 향상시키는 것이 바람직한 것1990년 계획 <등록건축물 혹은 보전지구> 법 69조' 이다. 이

보는 눈을 바꾸면, 풍요로운 생활이 보인다

포트 선라이트. 사람들이 평화롭다고 하는 주택지.

제도는 일본과는 달리 중산계급의 거주환경을 보전하는 데 적용되며, 지정이 되면 자산가치가 오른다고도 한다. 그도 그럴 것이 좀전의 부동산 아저씨도 주민도, 나에게 그렇게 설명해 주었다. 보전지구 내에서의 주택의 수선, 재건축은 인가나 허가를 필요로 한다.

시각적·이용적 매력을 촉진시키는 매력적인 디자인을 지닌 물리적 공간과, 그 운영·관리 시스템이 주거환경의 기본이 되는 안전성, 쾌적성, 경제성을 안정적으로 높이며 지속성에도 기여한다고 한다. 경제적 매력과 지속적 매력을 촉진시키고 있는 것이다. 그 운영관리 시스템은 주택지 안에서만이 아니라 사회적인 제도로도 갖추어져 있다. 그리고, 이와 같은 주택지는 계속해서 변화하고 있다. 자동차 사회를 맞이하여 주차장을 만드는 등의 대응을 적절하게 하고 있다. 물론 주거환경을 해치지 않도록 충분히 배려하면서 이루어진다.

런던에서 북동쪽으로 약 100㎞ 떨어져 있는 서포크 주Suffolk州에 있는 라벤험Lavenham을 방문했을 때에도, 1990년 계획법에 의한 인가를 받아 리폼을 하고 있는 주택이 있었다. 이 지역의 주택 중에는 15세기부터 16세기에 지어진 주택이 많다. 팀버 프레임timber frame 건축이나, 이 지역에서 볼 수 있는 '서포크 핑크'라고 불리는 집이다. 그 중에는 기울어져 있는 주택도 있다.

마루가 기울어져 있는 주택을 부인 두 명이 리폼을 하고 있었

라벤험. 서포크 주에 있는 주택지로, 중세의 건물이 많이 남아있는 매력적인 거리.

다. 약 500년 전에 지어진 주택이다. 동경해 오던 마을에 드디어 집을 사서, 하나 하나 손질을 하면서 자기들 집으로 만들어간다. 그 모습에는 행복함이 감돌고 있었다. 건물을 수리하고 수선하면서 소중하게 다루는 것이 한 사람 한 사람의 생활 속에 배어 있다. 그리고 법과 제도가 그것을 응원하고 있다.

살고 있는 사람이 주거환경의 가치를 만드는 시대

  덴엔초후, 레치워스, 포트 선라이트, 라벤험 등의 주택지에는 매력적인 주거환경이 있다.

  주거환경은 개인의 노력만으로는 만들 수 없다. 긴 역사 속에서 이루어져 온 주민들의 합의형성의 결정結晶인 것이다. 합의가 없다면 주거환경은 만들 수 없다. 힘든 노력이 필요한 것이다. 그 역사에는 많은 가치가 있다. 이 매력은 글로벌이다.

  이 가치를, 사는 사람이든 살지 않는 사람이든 적정하게 평가하지 않는다면, 좋은 주거환경의 도시는 만들어지지 않는다. 쾌적하지 않더라도 언젠가는 값이 올라갈 것이라고 하는 망상을 가지고 서로 권리를 주장한다. 그런 속에서는 이웃 간의 갈등이 사라지지 않는다. 그리고 사람들이 살면서 내리는, 정말로 쾌적하다고 하는 평가가 부동산 감정평가의 가격형성 요인 속에 자리잡히지 않는다면, 주거환경을 운영·관리하려는 사람들의 의욕은 올라가지 않는다. 즉, 앞으로의 성숙사회에서는 개발사업자나 행정으로는 만들어낼 수 없는 것을, 그곳에 사는 사람이 만들 필요가 있다. 주택은 오래된 것만으로는 의미가 없다. 포트 선라이트와 같이, 시대의 변화 속에서, 계속 변화하면서 살아가기 때문에 의미가 있는 것이다. 바로, 그 살아가는 모습에 가치가 있다.

▎영국의 보전지구제도 등, 도시보전 방법을 더 자세하게 알고 싶은 사람은 다음 책을 참고하기 바란다. 西村幸夫 『都市保全計劃』 東京大學出版社, 2004.

이런 주택지를 더 늘리기 위해서는

이런 주택지를 더 늘리기 위해서는

'앞으로 가치가 오를 주택지' 란, 사는 사람이 가치를 올리는 주택지다. 그렇게 하기 위해서는 하드와 소프트의 두 가지 측면에서 보는 것이 필요하다. 즉, 주택지를 만드는 방법과 주택지를 운영·관리하는 두 가지 측면이다. 그러나 이 책에서 소개한 주택지, 지금까지 보아 온 8가지 포인트, 이것들을 지금 일본에서 실현시키기에는 많은 벽이 있다. 그 벽을 넘어서 만들어지는 멋있는 주택지에 살 수 있는 사람은 복권에 당첨된 것과 같다. 그래서는 곤란하다. 지금이야 말로 의미 없는 제도를 단념하고 진정한 가치를 위해 제도를 재편하는 것이 필요하다. 그것을 위해 무엇이 필요한지를 생각해 보자.

매력적인 동네를 만들자!

개성을 만들자. 주택지의 매력을 만들자

100가족이 있다면 100가지 생활이 있다. 삶은 다양해지고 있다. 일반화된 생활을 상정하여 주택을 제공해 온 시대는 끝났다. 앞으로의 주택은 사는 사람이 만드는 것이다. 그리고 살고 있는 사람이 자기들에게 맞는 것을 계속해서 만들어가지 않으면 안 된다.

도시도 마찬가지다. 그럼에도 불구하고 새롭게 만들어지는 주택지들을 보면 왠지 어딘가 똑같은 것 같다. 똑같은 도로에 똑같은 공원. 획일적인 동네가 만들어지고 있기 때문이다. 이것은 규격품을 대량으로 만들어놓기만 하면 팔리던 성장사회의 모습이다. 앞으로의 도시에는 매력·개성이 필요하다. 사람은 개성이 없는 것을 자랑스럽게 생각하지 않는다. 매력적인 개성을 만들자.

성숙사회, 지속형 사회에서는 안정된 경제성장과 지가를 바탕으로 하여 인구의 감소 및 소자고령화小子高齡化에 대응하는 형태로, 지역환경을 배려하는 매력 있는 도시, 개성 있는 도시의 실현이 점점 더 강하게 요구된다. 행정의 재정부담을 낮추는 형태로 그것을 실현하지 않으면 안 된다. 그렇게 하기 위해서는 성숙사회·지속형 사회에 대응하는 환경관리 방법, 그리고 그것을 위한 개발허가 제도 등이 필요하다. 성장사회의 시스템은 단호하게 내버리지 않으면 안 된다.

왜냐하면, 성장을 전제로 했던 종래의 제도에는 이미 다음과 같은 문제가 있기 때문이다. 예를 들어, 단독주택지를 개발하는 경우, 도로나 공원은 행정에게 이관하는 것이 전제가 된다. 그렇기 때문에 각 지방 공공단체의 개발지도요강 등에 근거하여, 획일적인 도로·공원이 정비된다. 이관된 도로와 공원은 행정이 관리한다. 개발이 증가함에 따라서 행정의 재정부담도 증가한다. 이런

이런 주택지를 더 늘리기 위해서는

식의 '획일적인 도시', '재정부담 증가'가 첫번째 문제다.

두번째 문제는, 지속형 사회에서는 신규개발만이 아니라 주변의 환경이나 사회상황의 변화에 따라서 토지이용을 변경하는 것, 즉 재개발이 요구된다. 변경을 실시하는 데는 토지이용의 자유도가 높은 편이 좋다. 그러나, 재개발이 '개발'로 취급되어 공원이나 도로를 행정에 이관하고 있다. 점점 더 토지이용의 자유도가 저하된다.

제3의 문제는 지역 간 불평등이다. 매력적인 동네로 만들기 위해서 도로의 재료를 벽돌로 하거나 도로부지 내에 나무와 꽃을 심는다. 이 경우, 도로는 행정에 이관될 수 없기 때문에 사도로 취급되게 된다. 도로는 누구든지 이용할 수 있지만 그 관리는 거주자가 떠맡는다. 이관지구에서는 관리를 위한 거주자의 부담이 생기지 않지만, 이관하지 않은 지구에서는 거주자 부담이 생긴다. 한편, 사도사유·공유를 포함한다가 거주자의 강한 의향에 의해서 행정에 이관되는 경우도 있다. 거기에는 이관기준에 논리성이 보이지 않으며 관리부담의 불평등이 존재한다.

이상의 문제를 개선하기 위한 방향으로, 지역 간의 균형잡힌 재정부담을 고려하여 '도로와 공원 등과 같은 거주자 주변의 주거환경 공간을 행정에 이관하고 행정이 관리하는 것'을 전제로 하지 않는 개발·관리제도를 설정할 필요가 있다. 구체적으로는, 현재와 같이 '소유-관리'의 관계를 '公-公' 혹은 '私-私'와 같이 획일적으로 하는 것이 아니라, '公'에 의한 새로운 주거환경 관리방법, 거주자에 의한 주거환경 관리방법을 만들기 위해 노력하는 것이다.

동네를 스스로 관리하자!
매력적인 동네를 우리가 직접 관리하자
　다른 곳에는 없는 매력적인 동네의 관리는 살고 있는 주민들이 하자. 기본적인 도시의 기반정비와 관리는 행정의 부담으로 하지만, 부가가치 부분은 주민이 부담하는 것이 기본적인 입장이 된다.
　이 방법은 ① 행정이 최저생활기준civilminimum을 보장하고 부담한다. 구체적으로는 도로의 매설관 등의 유지·관리, 아스팔트 부분의 포장, 공원 놀이기구의 유지·관리 등이다.
　② 부가가치 부분을 주민이 부담한다. 구체적으로는 식재의 손질, 그 밑의 잡초제거, 가지치기, 일상 청소, 예를 들어 아스팔트 이외의 포장재를 사용한 경우 그 부분을 관리하는 것 등이다.
　①과 ②의 기준은 지방 공공단체에 의해 달라질 수 있겠지만, 전문지식과 기술이 필요하여 전문가를 고용할 필요가 있는 부분은 행정이 부담하며, 현재 통상적으로 이루어지고 있는 것들도 행정의 부담으로 한다.
　그리고 이들 기준을 원활히 운영하기 위한 방법으로, 다음과 같이 제도를 정비하는 것이 필요하다.

③ 역할분담을 행정과 주민의 관리협정으로 체결한다.

④ 주민은 관리협정을 체결하고 운영하는 주체로서 관리조합을 결성한다.

⑤ 주거환경을 충분히 배려하여 한 개 단지로 개발하거나 43조의 단서를 적용한 개발지41쪽, 그림 1-9 등에서는, 주거환경의 지속성이나 각 주택의 재건축·증축의 조율도 관리조합의 역할로 한다. 정원의 관리도 관리조합에서 하게 한다면 미국의 주택소유자조합과 같이 완벽해진다.

⑥ 관리협정, 관리조합은 지구계획의 안에서 정한다. 지구계획 안에서 이것들을 가능하게 할 수 있도록 각 지자체의 조례로 위상을 정해 둔다.

이와 같은 제도들은 새로운 법률을 만들지 않아도 가능하다.

덧붙이자면, 매력적인 길과 광장 등은 누가 소유할 것인가. 共有해도 괜찮다. 公有라도 좋다. 지주가 소유해도 상관없다. 중요한 것은 소유가 아니라, '누가 어떻게 이용하는가' 다. 그에 따라서 관리책임을 정하면 되기 때문이다.

그렇게 하기 위해서는, 이것을 받쳐줄 수 있도록 제도를 정비할 필요가 있다. 사용하는 것에 의의가 있는 제도를 만드는 것이다.

실천을 위한 제도를 만들자!

주거환경 운영·관리 조직을 만들자

주민자치에 의해서 매력적인 동네를 가꾸자.

아파트에서는 구분소유자 5분의 4가 찬성하면 재건축도 가능하다. 그리고 4분의 3 이상이 찬성하면 건물의 증축 등과 같은 대개조도 가능하다. 계속과 원상유지만을 고집하는 관리로는 아무것도 좋아지지 않는다. 조금씩 변화해갈 필요가 있다. 바로 리노베이션renovation과 리폼reform이다.

어떻게 변화시킬 것인가? 우리 동네의 바람직한 모습을 우리 스스로가 정하자. 새로운 개발지에서만이 아니라 기성시가지나 복합개발지구에서도 전원참가형 거주자조직을 만들고 그 조직에 의해서 결정을 하자. 주민참가에 의한 자치를 위해서 거주자참가형 조직의 법적 근거, 권한·책임체제를 확립하자.

그러나 현행의 제도 안에서 아파트 이외의 관리조직은 불안정하다. 구분소유형의 집합주택과 같이 관리조합이 '당연설립'이 아니기 때문에, 법적으로 전원참가에 의한 공동관리조직을 만드는 것은 불가능하다. 더구나 중고주택 구입자의 조직가입을 담보하는 제도도 없다. 아파트 이외에 대해서도 관리조직을 인정하는 법제도를 정비하자.

등기제도를 바꾸자

共有는 불안정하다. 주택지에서는 구분소유법 상의 공유관계가 적용되지 않으며, 매력적인 길과 광장은 민법 상의 '共有'가 된다. 공유를 하지 말자고 할 가능성도 있다. 또한 반드시 사유부분의 소유자가 공용공간(우리 장소)을 소유할 이유도 없고, 아파트와 같이 전용부분과 공용부분이 연동하는 등기제도를 가지고 있지도 못하다. 소유관계의 불안정함을 회피할 수 없는 것이다.

아파트 이외에서도 공용공간과 사유부분의 일체등기를 가능하게 하고, 民과 民의 계약을 공시하는 제도로서 규약의 공시, 협정의 공시, 조합의 공시를 등기할 수 있는 제도를 만들자.

부동산 평가제도를 개선하자

현재의 부동산 감정평가는 단순히 새로운 것이 오래된 것보다 좋게 평가를 받는 체질이다. 개별 부동산의 사업성이나 건물 고유의 가치를 적극적으로 평가하는, 혹은 수선이나 개수를 반영하는 부동산평가 시스템을 확립할 필요가 있다. 확실하게 수선되어 있는 것, 나아가 주거환경도 적정하게 평가되지 않으면 안 된다.

사람들이 살아가면서 정말로 쾌적하다고 평가하는 것들이 부동산감정에서 평가되지 않는다면, 사람들이 주거환경을 운영·관리하려는 의욕은 올라가지 않는다. 성숙사회는 개인과 행정만으로는 만들어낼 수 없는 것을 주민들이 만드는 시대다. 살고 있는 사람, 소비자·구입자, 개발사업자, 행정, 이 네 측면에서의 매력이 일치하는 사회가 되어야 한다.

즉, 집을 사는 사람들은 그곳에 살고 있는 사람이 정말로 살기 좋다고 생각하는 것을 사게 된다(거주자와 소비자의 매력의 일치). 개발사업자는 그런 주택지를 만든다(거주자와 개발사업자의 매력 일치). 그것을 받아들임으로써 매력 있는 주택지가 생기게 되어, 그 지역에는 사람도, 재정도 불어난다. 지역의 활성화를 도모하고, 쇠퇴화를 예방할 수 있다(거주자와 행정의 매력의 일치).

따라서, 살고 있는 사람의 평가를 적정하게 반영하는 부동산감정 평가제도를 만드는 것이 필요하다. 만들자. 이 제도는 성숙사회에서 양호한 주거환경을 형성하는 데 크게 기여할 것임에 틀림없다.

융자 · 세(稅)제도를 개선하자

지금까지의 융자 · 세제도를 보면, 주택을 '신축', '중고'의 두 가지로 분류하여 신축주택에 유리하게 제도를 적용하여 왔다. 이것을 바로 앞에서 이야기한 부동산평가에 근거해 주택의 품질을 평가하고, 그것에 의한 융자 · 세제로 바꾸어야 한다. 즉, 건물의 수선 · 개수이력을 고려한 실질적 건축연수나 이용가치로 융자와 세를 적용하는 것이다. 또한, 세금은 건물의 이용방법, 무엇에 사용하고 있는가, 제대로 유지 · 관리되고 있는가에 의해 결정되어야 한다. 융자와 세제도를 개선하자.

사람을 만들자!

열심히 노력하는 조직을 응원하자

개성을 위해, 자율적 성장을 위해, 좋은 것들을 계속해서 늘려간다. 또, 모두가 그것을 쫓아간다. 바로 그런 구조를 만드는 것이다. 평등과 공평은 모든 이가 같은 수준에 있는 것을 말하는 것이 아니다. 열심히 하는 사람은 응원을 받고 열심히 하지 않는 사람은 응원을 받지 않는 것, 이것이 공평한 것이다. 좋은 주택지를 만들고 주민이 주체적으로 관리하는 것이다.

이제 곧 일본도 발로 투표하는 시대가 올 것이다. 발로 투표한다는 것은 좋은 주거환경과 그것을 확실하게 응원하는 지자체를 선택해서 거주지를 정하는 것을 말한다.

열심히 노력하는 지구地區의 고정자산세와 도시계획세, 주민세를 적게 한다. 즉, 주민 스스로가 자기들의 동네를 통치하는 것이다(진정한 자치). 청소도 스스로 한다. 자기들 스스로가 자치를 하기 때문에 기본적으로는 경찰도 필요하지 않다. 그런 지구地區의 세금을 싸게 하고, 노력하는 주민들의 활동을 지원하자.

주민과 새로운 전문가를 양성하자

주민의 역량, 커뮤니티의 힘을 기르는 것, 그리고 거주를 위한 교육과 소비자 교육을 확실하게 하여, 주민의 책임을 강화하자. 주민 자신이 지역에 사는 것, 주택을 가지는 것, 빌리는 것에 관한 책임을 점차 키우는 것이다.

특히 주택을 짓는 것, 빌리는 것에 관한 책임을 강화하는 데는, 행정이 부동산정보를 공개하는 것과 같은 직접적 대응도 있겠지만, 그것보다는 시장을 정비하는 것이 좋다. 소비자를 위한 충분한 정보의 개시開示를 바탕으로 부동산 거래가 이루어지도록 추진하는 것이다. 건물검사제도와 함께 부동산에 관한 전문적인 정보를 가지고 있는 전문가가 성능에 근거하여 적정한 정보를 개시하는 것이 필요하다. 집과 관련된 새로운 전문가가 필요하게 된다. 외국의 사례에서 볼 수 있듯이 거래가 원활하게 이루어질 수 있도록 지원하는 사무변호사solicitor, escrow, 건물검사사建物檢査士, inspector, 조사사調査士, surveyor 등이다. 살고 있는 사람들 자신이 자기의 의지로 지역과 집에 관한 정보를 조사하여, 주거환경을 고를 수 있도록 하는 것이다.

그리고 살고 있는 사람들의 역량을 끌어내는 프로의 능력을 기르는 것도 필요하다. 앞으로는 모든 것이 케이스 바이 케이스case by case가 된다. 집을 지을 때도 그렇고 수선이나 개수를 할 때도 그렇다. 그렇기 때문에, 프로의 힘이 필요한 것이다. 그리고 그것을 지켜보는 행정의 힘도 필요하다. 주거환경을 사는 사람이 주체가 되어 운영·관리하기 위해서, 합의형성을 촉진하고 바람직한 모습의 이미지를 공유할 수 있도록 하는 전문가도 있어야 한다. 즉, 지금까지 일본에는 없었던 직능, 그리고 기능을 재편할 필요가 있는 것이다.

의식을 공유하자!

앞으로의 주민에 의한 가치창조형 주택지에서는 의식을 공유하는 것이 필요하다.

주택은 개인의 것이지만 개인만의 것은 아니다. 왜냐하면 주택이 모이고 모여서 주거환경이 되기 때문이다. 모이고 모여가는 가운데, 양에서 질로 전환된다. 따라서 모이는 방법, 연결 방법이 중요하다. 주택과 주택, 주택과 공공공간, 주택과 사람, 사람과 사람, 그것을 잇는 것이 '우리 공간'이며, 그것을 좋게 만들고자 생각하는 것이 우리의 의식이다.

복권에 당첨되기를 기다리고 있어봐야 소용 없다. 매력적인 동네를 확실하게 만들고, 거기에서 생활하는 사람들이 점점 좋게 만들어 가자! 그렇게 하기 위해서는 구시대에 가지고 있던 '주택지는 이래야 한다'고 하는 잘못된 생각을 떨쳐버리고 도시계획과 부동산의 법제도를 재편하자.

앞으로 가치가 오를 주택지, 그런 주택지를 많이, 계속해서 만들어가기 위해 우리에게 가장 필요한 것은, 바로 이런 의식을 공유하는 것이다.

마치며

　저는 사쿠라가오카 하이츠를 만나고부터, 약 10년 동안 전국의 단독주택지를 조사하고 연구해 왔습니다. 연구를 하면서 여러분들로부터 '저쪽에 가면 더 멋있는 주택지가 있어요', '우와! 이 주택지가 더 멋지네요' 라는 지도·조언을 받았으며, 실제로 많은 주택지에 가보았습니다. 그러면서 저는 다음과 같은 것들을 느꼈습니다.
　○ 살고 있는 사람이 매력적이라고 느끼는 주택지를 보면, 지금까지 우리가 해왔던 '주택과 주택지는 이래야 한다' 는 생각에는 맞지 않는다. 새로운 가치가 있다.
　○ 매력적인 주택지는 사람을 매력적으로 만든다. 또한 사람들은 그 주택지를 매력적으로 만들어가고자 행동한다. 진정한 가치는 또 다른 새로운 가치를 만들어낸다.
　○ 진정한 가치를 만들어내는 주택지를 만들기 위한 법제도 등의 사회 시스템은 정비되어 있지 않다.
　매력적인 주택지에는 자부심을 가지고 살고 있는 매력적인 사람이 많으며, 그 사람들은 아주 친절합니다. 그런 분들과 만나면서, 나는 '이런 주택지에 살고 싶어!' 라고 생각하게 되었습니다.

그런 분들의 목소리를 정확하게 파악하기 위해, 전국의 약 3천 채 정도에 사는 분들에게 협력을 받아 설문조사를 하였습니다. 이런 조사결과가 이 책의 기본이 되었습니다.

연구를 진행하는 동안, '사이토 선생의 연구는 참 흥미롭습니다. 그런데 연구논문처럼 딱딱하지 않게 알기 쉽게 해주셨으면 좋겠어요'라는 요구를 받았습니다. 이 책은 이런 바람 덕분에 만들어진 것입니다.

이 책에서는 여러분들이 편안하게 읽으시기를 바라는 마음에 손으로 그린 도면을 사용하였습니다. 그것은 小森匠 16, 35, 53, 65쪽, 西戶啓陽 28, 30, 32, 34, 39, 41, 55, 57, 101, 102쪽, 橋本尙樹, 中馬義人 등께서 작업해 주셨습니다. 中城康彥 선생님께서는 영국 캠브리지에서 조언해 주시고 사진 26, 77쪽도 제공해 주셨습니다. 學藝出版社의 前田裕資는 집필의 구상단계부터 귀중한 조언을 많이 해주셨으며, 永井美保는 편집을 담당해 주셨습니다.

모든 분들 덕분에 한 권의 책이 완성되었습니다. 진심으로 감사의 말씀을 드립니다.

저는, 이 책을 읽으신 여러분들께서 '이런 주택지를 만들자!', '이런 주택지를 높게 평가하자', '이런 주택지에서 살고 싶다'는 생각을 하신다면 더없이 행복할 것입니다.

2005년 2월
사이토 히로코